I0492307

EL PROCESO DE INTERNACIONALIZACIÓN DE LAS EMPRESAS CONSTRUCTORAS ESPAÑOLAS

Autor. Daniel Lurueña González

DEDICATORIA:

A mi familia por su apoyo incondicional. La familia no la eliges, es el regalo más bello que recibes de la vida.

ÍNDICE

1. INTRODUCCIÓN

El objeto del libro

El propósito de este libro se centra en el análisis de los procesos de internacionalización empresarial, y tiene como objetivo principal el estudio de la situación actual de las grandes empresas constructoras españolas del sector en cuanto a su nivel y modelos de internacionalización y gestión aplicados.

La elección de este sector es debido a la fuerte demanda interna que existió en España durante años en construcción, que posibilitó que dichas empresas adquiriesen una experiencia notable, lo que unido a la necesidad de las empresas de mantener su actividad ante la crisis del sector en los últimos tiempos, haya motivado su salida hacia el mercado exterior.

Además de la citada ventaja competitiva y "know how" adquirida por las grandes constructoras españolas se une, las necesidades de inversión en infraestructuras tan enormes que existen en todo el mundo, que proviene en su mayoría de países en vías de desarrollo. Las empresas españolas se encuentran con mercados internacionales no satisfechos con demanda potencial, y ven como oportunidad de negocio abrirse a ellos, por esto la internacionalización a día de hoy es la estrategia prioritaria para el sector constructor español.

Ante este nuevo marco empresarial, y dado que las empresas españolas internacionalizadas o que se encuentran en pleno proceso de internacionalización conforman un grupo estratégico clave para el futuro de la economía española, se cree necesario reflexionar sobre las implicaciones de la globalización en las estrategias de crecimiento de las empresas y la gestión empresarial, estudiar las nuevas oportunidades de negocio emergentes provocadas por la nueva situación, así como, analizar el surgimiento de amenazas competitivas desde otros mercados.

El método de estudio elegido es el basado en el estudio de casos, que es la estrategia metodológica de investigación científica que posibilita la generación de conclusiones mediante el análisis descriptivo de la información cualitativa recopilada.

La descripción final implica siempre la consideración del contexto y las variables que definen la situación, estas características dotan al estudio de casos de la capacidad que ofrece para aplicar los resultados.

Para dicho estudio se ha organizado el trabajo en los siguientes puntos:

Una primera parte teórica que busca explicar el porqué las empresas se internacionalizan, a partir de las teorías económicas y las directivas, el cómo, maneras de entrar en otros mercados y que estrategia competitiva siguen. Y además se desarrollaran las razones internas y externas para elegir dicha estrategia y analiza los obstáculos y las barreras de entrada que se encuentran en dicho proceso de salida a los mercados internacionales.

Una segunda parte de diagnóstico, que mediante el análisis sectorial, de la competencia y el escenario actual del mercado se genera un DAFO del estado del sector, que refleja las debilidades, amenazas, fortalezas y oportunidades del mismo.

Una tercera parte descriptiva del estado actual de las seis grandes empresas constructoras que cotizan en el ibex: El Grupo ACS, el Grupo FCC, Ferrovial, Acciona, el Grupo OHL y Sacyr.

Y por último, las conclusiones del estudio realizado.

2. TEORÍAS ECONÓMICAS

Las teorías económicas buscan delimitar qué tipo de empresas se internacionalizan y las causas subyacentes tras la expansión internacional, haciendo alusión al modo en que llevan a cabo este proceso.

Atiende a las repercusiones que la internacionalización tiene para la economía en general y no únicamente para las empresas.

Teoría de la organización industrial

La principal motivación de una firma que invierte en el exterior es la reducción de la competencia mediante el ejercicio de control sobre una compañía extranjera, sobre todo en aquellos sectores concentrados donde resulta difícil aumentar la cuota de mercado.

Si bien la principal razón expuesta para la inversión en otros países es ejercer un control que se derive en una reducción del número de competidores, también es muy importante la posesión de ventajas competitivas, siendo la explotación de esta en régimen de monopolio (al igual que se hacía en origen) uno de los principales factores para la internacionalización con objeto de reducir la competencia en destino.

Las compañías deben contar con fortalezas que les permitan traspasar fronteras y superar de forma efectiva el "hándicap del extranjero" o "liability of foreignness". Una organización que se instala en un nuevo país debe hacer frente al desconocimiento de los gustos de los consumidores o las prácticas de los gobiernos de ese territorio.

Cualquier empresa local que esté asentada en la zona tendrá una ventaja de partida en este respecto, por lo que la compañía extranjera deberá contar con atributos que la diferencien de sus competidores y le aporten una ventaja competitiva sobre ellos.

Teoría de los costes de transacción

El factor principal y condición suficiente es la inexistencia de contratos completos que protejan los derechos de propiedad de los activos intangibles de las empresas. Cuando los costes de transacción son muy elevados, la organización puede llegar a internalizar sus actividades en lugar de acudir al mercado. Por este motivo la Teoría de Costes de Transacción también es comúnmente conocida en el ámbito de estudio de las multinacionales como Teoría de la Internalización.

Los factores que suponen obstáculos a la exportación solo serían una condición necesaria, pues existen otro tipo de instrumentos como, por ejemplo, las licencias, que no requerirían la realización de IDE por parte de la compañía. Los mercados de factores productivos difieren entre países, es decir, no todas las naciones cuentan con la misma dotación de inputs presenta las asimetrías informativas y la necesidad de realización de inversiones específicas como los determinantes para la realización de IDEs verticales.

La Teoría de la Internalización no es únicamente válida en la explicación de los motivos de ejecución de IDE horizontal y vertical sino que se ha aplicado a numerosos trabajos relacionados con el modo de entrada, especialmente en los casos de la realización de adquisiciones y firma de joint ventures.

La condición para que las empresas acometan operaciones de Inversión Directa en el Exterior, por tanto, se encuentra en la dificultad de transmisión de su ventaja competitiva en el mercado.

		Transmisión de recursos	
		Fácil	**Difícil**
Obtención de recursos locales	**Fácil**	Indeterminado	IDE
	Difícil	Licencia	Joint venture

Desde este enfoque, la principal causa de la diversificación geográfica se encuentra en las imperfecciones de los mercados y en la inexistencia de contratos completos que permitan protegerse contra los mismos.

Paradigma ecléctico de Dunning

El Paradigma Ecléctico fue formulado por primera vez por Dunning en 1979 y explica los tres parámetros de su modelo de la siguiente manera:

• Ventajas de propiedad. Las empresas poseen activos intangibles como el conocimiento y la reputación que les otorgan una ventaja competitiva frente a otras compañías. Posteriormente, en 1983, amplía y divide en dos los tipos de ventajas competitivas ostentadas por la empresa. La primera haría referencia a lo descrito anteriormente, es decir, a la posesión de activos valiosos (ventajas de activos); la segunda se relacionaría con la capacidad de la empresa para minimizar los costes asociados a las transacciones (ventajas de transacción).

• Ventajas de la internalización de las actividades. En consonancia con el punto anterior, las empresas que poseen los activos intangibles prefieren ser ellas mismas las que realicen las actividades en lugar de acudir al mercado, debido a las imperfecciones que este presenta y los costes asociados a las mismas. Por tanto, el modo de entrada preferentemente escogido por las multinacionales sería el establecimiento de filiales en plena propiedad en países extranjeros.

No obstante, en caso de que los costes derivados de la internacionalización de las actividades superasen a los beneficios, otro tipo de acuerdos contractuales como licencias o joint ventures serían preferibles (Dunning, 1983, 1988).

• Ventajas de localización. Estas ventajas se refieren a la posibilidad de encontrar en el país de destino de la IDE activos relativamente inmóviles que creen valor para la empresa del país de origen al combinarlos con los suyos.

Así pues, desde el punto de vista de este paradigma, las multinacionales surgen con el objetivo de transferir una ventaja competitiva a otros países e, incluso, crear otras nuevas al combinar sus recursos con los del país de destino.

Teoría del ciclo de vida del producto

En ella, se explica que el país origen es el elegido por las empresas para llevar a cabo las innovaciones, debido a factores como la necesidad de flexibilidad. Con el paso del tiempo, el producto se estandariza y la demanda crece en otros países.

La realización de inversiones en diferentes localizaciones se ve favorecida siempre que los costes asociados a la exportación superen a los riesgos que supone realizar la inversión.

Los consumidores son cada vez más sensibles al precio y ello compromete la posición de liderazgo ostentada por la empresa, la cual se ve forzada a trasladar su producción a países con un menor coste de la mano de obra.

En definitiva, puede decirse que las distintas fases en el ciclo de vida de los productos influyen tanto en el momento como en el modo en que las empresas se diversifican geográficamente.

Teoría de la agencia

La Teoría de la Agencia no se enmarca únicamente en el ámbito de la internacionalización pero se puede usar para explicar las causas por las que esta se produce aunque, en ocasiones, no sea lo más adecuado para las compañías.

Esto ocurriría cuando los intereses de directivos y accionistas son divergentes: los que tienen el control de la empresa diversifican geográficamente sus actividades buscando su propio beneficio aún en detrimento de aquellos que ostentan la propiedad de la compañía.

Para limitar las posibilidades de que esto ocurra se podría, bien intentar reducir la discrecionalidad directiva, bien alinear los objetivos de los individuos que ostentan la propiedad y el control de la empresa.

Esta teoría hace no solo hace referencia a los motivos de una potencial destrucción de valor derivados de la diversificación geográfica, sino que también puede relacionarse con la elección del modo de entrada, especialmente en casos del mercado de control corporativo.

En definitiva, la Teoría de la Agencia advierte de los peligros de la desalineación de los objetivos en la propiedad y control de la empresa y las consecuencias que esta puede tener sobre la inversión de las firmas en el exterior.

3. TEORÍAS DIRECTIVAS

Al igual que las teorías económicas, las teorías directivas analizan qué empresas diversifican sus actividades geográficamente y por qué.

Sin embargo, tienen un componente más normativo, es decir, explican cómo podría o debería ser la expansión internacional de las empresas.

Teoría del conocimiento

La inversión exterior se sustenta en la dificultad de transmisión de los conocimientos a terceros ajenos a la propia firma.

Esto difiere de las teorías anteriormente expuestas en que no se basa en las imperfecciones del mercado como causa para la inversión de las empresas en el exterior sino en que, cuanto más implícito y complejo sea el conocimiento que pretende transmitirse, más eficiente sería traspasar ese conocimiento dentro de la firma que transferirlo al mercado.

Las multinacionales surgen, pues, debido a que resulta más eficiente la transmisión del conocimiento dentro de la propia empresa que a través de terceras partes.

La razón de la expansión internacional de las empresas no radica en el mercado sino en ellas mismas, pues constituyen el vehículo más eficiente de transmisión del conocimiento al exterior.

Teoría de la internacionalización gradual

La teoría se fundamenta en la internacionalización gradual de las empresas, basándose en decisiones incrementales tomadas por parte de las mismas. De este modo, el proceso seguido por las compañías es el descrito a continuación:

1. Exportación esporádica

2. Exportación mediante agentes

3. Ventas a través de filiales comerciales de ventas

4. Filiales de producción

Estas cuatro etapas se diferencian, principalmente, en el grado de compromiso que las firmas muestran en el país de destino, siendo las filiales de producción las que implican un mayor grado de recursos comprometidos. La decisión de expansión internacional de forma gradual está muy relacionada con la distancia existente entre el país de origen y el de destino.

El término "distancia" ha de ser entendido en sentido amplio, atendiendo a aspectos políticos, administrativos, geográficos, culturales, financieros o demográficos, entre otros. Una vez aumenta el conocimiento de los mercados, el nivel de recursos comprometidos por la empresa tiende a incrementarse.

Actualmente, aunque algunas firmas todavía muestran patrones de internacionalización gradual, merece destacar la aparición de otra clase de compañías que comienzan su proceso de traspaso de fronteras desde los inicios de su actividad.

Por tanto, se puede observar que en el panorama internacional las empresas no utilizan únicamente un patrón de internacionalización gradual, sino que escogen la velocidad de internacionalización que más les conviene atendiendo a sus características internas y al entorno en que se ubican.

Paradigma de Porter

La estrategia de la empresa que compite internacionalmente tiene dos dimensiones: la configuración y la coordinación, es decir, dónde se realizan las actividades de la cadena de valor y cómo se relacionan entre ellas.

En una primera etapa las empresas tienden a concentrar todas sus operaciones en el país de origen y servir mediante la exportación al resto. Asimismo, existen otras estrategias globales más complejas dependiendo del grado de dispersión geográfica y del nivel de coordinación entre las actividades de la cadena de valor.

Porter cambió su enfoque de la empresa al país y señaló a este como determinante para la obtención de una ventaja competitiva. Los factores relacionados con esta se agrupan en lo que comúnmente se conoce como "diamante de Porter" y son los siguientes:

1. Condiciones de factores, como recursos humanos, know-how o infraestructuras

2. Condiciones de demanda

3. Sectores de apoyo y relacionados con la industria en la que se enmarca la empresa.

4. Estructura, estrategia y rivalidad (competencia) de la firma

5. Gobierno, el cual puede influir sobre los cuatro factores descritos anteriormente

6. Causalidad, es decir, aquellos acontecimientos que tienen lugar pero que se encuentran fuera del control de la empresa.

En definitiva, el paradigma de Porter ha servido para analizar las causas de las ventajas competitivas de los países y ayudar a estos a desarrollar prácticas que incrementen su competitividad nacional.

Teoría de recursos y capacidades

Esta teoría se basa en el estudio de la relación entre las características de una empresa y sus resultados, ligando esto a la ostentación de una ventaja competitiva.

Para que las compañías alcancen una ventaja competitiva sostenible, los recursos que posean deberán cumplir cuatro condiciones: ser valiosos desde el punto de vista del entorno, escasos, inimitables y que las organizaciones puedan apropiarse de las rentas derivadas de los mismos.

No obstante, los recursos intangibles también pueden hacer que una empresa tenga una desventaja competitiva que perdure a lo largo del tiempo.

Los recursos y capacidades tradicionalmente concebidos como susceptibles de internacionalización se dividen en tres grupos: conocimiento, marketing y tecnología.

Actualmente, se puede hablar de otros activos relevantes en el ámbito de la internacionalización.

Estos activos intangibles son, fundamentalmente, característicos de las "Nuevas Multinacionales", es decir, aquellas procedentes de países emergentes.

Entre ellos: adaptación tecnológica, rapidez en la asimilación de nuevas tecnologías, reputación de la marca entre las comunidades del país de origen que viven en el exterior, eficiencia en la producción y ejecución de proyectos, innovación de producto, capacidad de adaptación al entorno institucional, experiencia en la gestión de adquisiciones, capacidad para el establecimiento de redes de contactos y capacidades políticas.

La siguiente tabla sirve como resumen de los activos intangibles más relevantes para las organizaciones en su decisión de expansión internacional, diferenciando entre aquellos de las multinacionales tradicionales y los de las nuevas multinacionales:

ACTIVOS INTANGIBLES

MULTINACINALES TRADICIONALES	NUEVAS MULTINACIONALES
Conocimiento Marketing Tecnología	Adaptación tecnológica Rapidez de asimilación tecnológica Eficiencia en la producción y ejecución de proyectos Innovación de producto Capacidad de adaptación al entorno Experiencia en la gestión de adquisiciones Capacidad de creación de redes de contactos Capacidades políticas

4. RAZONES PARA LA INTERNACIONALIZACIÓN

Entre las razones que justifican la internacionalización, podemos diferenciar dos grandes bloques:

Razones internas, que tienen que ver con factores que pertenecen a la empresa y con el objetivo prioritario de incrementar la competitividad de la misma.

Razones externas, dadas por factores no dependientes de la empresa, ajenos a su propia voluntad, y que explican la salida al mercado exterior.

Razones internas

Se deben a factores relacionados con los objetivos y los recursos y capacidades de la empresa. Cabe destacar las siguientes:

Reducción de costes: La decisión de la empresa a salir al exterior viene explicada por la posibilidad de adquirir recursos productivos tales como materias primas, mano de obra o capital, a un menor coste.

Véase el ejemplo de las empresas instaladas en los famosos mercados emergentes BRICS (Brasil, Rusia, India y China), países cuya característica principal es su riqueza en recursos humanos (mano de obra barata).

Igualmente la reducción de costes puede venir dada por la política del país de destino y sus cargas fiscales.

Búsqueda de recursos: La salida al exterior también puede venir determinada por la búsqueda en el país de destino de determinados recursos no disponibles en el país de origen, tales como recursos naturales, una localización geográfica que facilite las actividades de la empresa, recursos humanos especializados en una determinada actividad, etc.

Tamaño mínimo eficiente: Otro de los factores que explican la localización de actividades en el exterior, es la búsqueda del tamaño óptimo de la empresa. En ocasiones resulta muy difícil para las empresas tener un tamaño óptimo de negocio únicamente con las actividades desarrolladas en el ámbito nacional. Normalmente esto suele ocurrir en pequeños países, con mercados reducidos (Nokia en Suecia o Heineken en Holanda, por ejemplo), pero la globalización de las industrias lleva a que este factor sea cada más común, incluso para empresas en mercados originales de gran tamaño.

Disminución del riesgo global: Mediante el proceso de diversificación de apertura a nuevos mercados, se disminuye el riesgo global de la empresa a largo plazo, ya que es más difícil que una empresa fracase llevando a cabo actividades en distintas localizaciones, que si únicamente se encuentra en un país o mercado.

Explotación de recursos y capacidades: Esta razón se base en aprovechar los recursos de los que dispone la empresa, vistos como los factores o activos que tiene la empresa para llevar a cabo su estrategia. Entre los recursos a explotar podemos destacar: activos físicos y financie ro s, recursos humanos, recursos tecnológicos (conocimientos disponibles, patentes, etc.) y organizativos (cartera de clientes, prestigio, reputación, marca).

Razones externas

Hacen referencia a factores del entorno, como el país o la industria en el que opera la empresa, y no a criterios propios de la misma:

Ciclo de vida de la industria: Cabe destacar entre las estrategias corporativas de industrias maduras, la internacionalización de la empresa.

En el momento en que una empresa, su tecnología, o las actividades que lleva a cabo, llegan al periodo de madurez, de saturación del mercado nacional, su capacidad de crecimiento se ve frenada, y a su vez se intensifica la competencia.

En estos casos, una forma de ampliar los mercados de actividad y alargar su ciclo de vida es la internacionalización, bien buscando nuevas oportunidades en países en los que el mercado se encuentre en la etapa de introducción o crecimiento, o bien buscando nuevas alternativas de negocio.

Puede ejemplificarse con el caso de las constructoras, las cuales se están subiendo al tren de las energías renovables ante la profunda crisis en la que se encuentran actualmente.

Demanda externa: En este caso se encontraría una empresa que encuentra mercados internacionales no satisfechos o con demanda potencial, y ve como posibilidad de negocio abrirse a ellos.

Seguir al cliente: En algunos casos las empresas deciden seleccionar un mercado en concreto dado que sus clientes potenciales están presentes en el mismo, y es necesario seguirlos.

Seguir a la competencia: Esta razón surge de la idea de la reacción oligopolista. En empresas que se encuentran en sectores oligopolísticos, generalmente existe la idea de que las empresas en este tipo de industrias tienden a seguirse unas a otras en el exterior, haciendo inversiones similares en los mismos países, siguiendo el comportamiento del líder.

5. FORMAS DE ENTRADA EN LOS MERCADOS EXTERIORES

No existe una regla general para decidir cuál es la mejor forma de acceso en los mercados extranjeros y a los canales de distribución, por lo que para definir la forma de entrada se tendrá que evaluar todas las condiciones del destino, producto, competencia y política de empresa.

Las estrategias para penetrar mercados exteriores son muy variadas, y las empresas elegirán aquella que se adapte mejor a las características e intereses de la misma.

Para cualquier empresa relacionada con el sector español de la construcción, si quiere continuar trabajando en lo que sabe hacer, hoy en día internacionalizarse resulta casi imprescindible para conseguir sobrevivir a la falta de negocio en nuestro país.

A la hora de intentar llevar a cabo este cada vez más necesario trámite, existen distintas alternativas.

Dependiendo del tamaño y recursos de la empresa, así como de su voluntad de abrir mercado en el país en el que se vaya a ejecutar la obra, las constructoras e ingenierías están optando por alguno de los siguientes métodos para conseguir salir al exterior:

Acudir para la realización de una obra puntual como **SUBCONTRATA**, a las órdenes del contratista principal y para realizar una determinada parte de la obra. Este sistema permite que empresas de menor tamaño, pero especializadas en un determinado trabajo, puedan tener entrada en ese mercado.

El acuerdo **JOINT VENTURE**, aliándose temporalmente con otras empresas para la realización de un proyecto concreto, basado normalmente en la suma de capacidades tecnológica o financiera de los distintos aliados.

Creando una **SUCURSAL O FILIAL** en el país de destino, cuando se pretende tener allí una implantación permanente y tener representación en el mismo, ya sea por posicionamiento estratégico o por el potencial del país en cuestión.

COMPRANDO UNA EMPRESA LOCAL, que facilita la concurrencia a concursos públicos, ya que se hace con las clasificaciones, la experiencia y el capital humano de la empresa local, pero que tiene la desventaja de la dificultad de integrar la empresa en la estructura y el funcionamiento de la matriz.

PRESENTARSE DIRECTAMENTE A UNA LICITACIÓN en otro país para optar a la adjudicación de un contrato; normalmente se trata de obras emblemáticas de gran envergadura que se sacan a concurso internacional. En este caso hay que ser capaz de ofrecer algo que las empresas locales no posean, como gran experiencia en el tipo de obra licitada, ser una empresa de reconocido prestigio internacional, etc, por lo que prácticamente está reservado a las grandes empresas.

Mediante un **CONSORCIO INTERNACIONAL**, normalmente para optar a concesiones, formado por una alianza de distintas empresas a más largo plazo que una joint venture, y donde unen sus intereses constructoras, ingenierías, entidades financieras, e incluso empresas públicas con experiencia en el proyecto en cuestión.

6. MULTINACIONAL. ESTRATEGIA GLOBAL O MULTIPAÍS

La globalización que ha sufrido la economía a nivel mundial durante las últimas décadas, ha obligado a muchas empresas a posicionarse fuera de sus fronteras para no perder su posición competitiva, lo que da lugar al concepto de empresa multinacional.

A continuación vamos a analizar cuáles son las estrategias competitivas que aplican las empresas que operan en los mercados internacionales.

Empresa multinacional.

Se entiende por empresa multinacional, a aquella empresa cuya estrategia es operar en al menos dos países con el principal objetivo de conseguir maximizar sus beneficios bajo una perspectiva global de grupo, y no en cada una de sus unidades nacionales por separado, es decir, con el objetivo de que la valoración conjunta sea superior a la suma de las partes.

La empresa se considera multinacional cuando desarrolla actividades de la cadena de valor en más de un país, aunque cabe destacar que existen distintos niveles de empresa multinacional, dependiendo del número de países en los que se encuentre la empresa, así como de la importancia que conlleven las actividades que se realizan en territorio no nacional respecto a las del país de origen.

Estrategia global o multipaís.

ESTRATEGÍA GLOBAL

Las empresas que siguen una Estrategia Global se centran en el incremento de la rentabilidad al obtener reducciones en costes.

También se centran en las economías de localización, aquellas que surgen del desarrollo de una actividad de creación de valor en la ubicación óptima para esa actividad, en cualquier parte del mundo que se pueda realizar, debido a una disminución de los costes (transporte, barreras comerciales) o porque se diferencie su oferta de productos o servicios.

Esta estrategia tiene más sentido en aquellos casos en que existen fuertes presiones para el logro de reducciones en costes y donde la presión por la aceptación local es mínima.

La forma de competir se basa en el control de la empresa matriz la cual tiene el objetivo de coordinar a todos los países. Este tipo de estrategia da especial importancia a las economías de escala (redes logística óptimas, plantas productivas grandes) ya la transferencia de habilidades de la central a las unidades internacionales.

ESTRATEGIA MULTIPAIS

La estrategia multipaís, llamada también multidoméstica, tiene como lema la descentralización de la empresa, la adaptación de la oferta a las necesidades y preferencias de cada país, lo cual permite tener mayor capacidad de respuesta ante cambios en la demanda local. En este caso la comunicación entre empresa matriz y unidades internacionales se limita a la transferencia de dividendos y beneficios.

Uno de los problemas principales consecuentes de la elección de esta estrategia es que se reduce la posibilidad de compartir recursos, capacidades y habilidades para toda la organización.

ESTRATEGIA TRANSNACIONAL

Este tipo de estrategia tiene como meta combinar la estrategia global y la estrategia multipaís para beneficiarse de las ventajas que ambas propician. La estrategia transnacional evita concentrar sus actividades en pocas localizaciones (característica de la estrategia global), pero también evita dispersarlas mucho para mejorar la adaptación a los mercados locales (estrategia multipaís), con el fin de no dispersar los recursos, capacidades y habilidades de la empresa.

El lema de la estrategia transnacional es "Piensa globalmente y actúa localmente", es decir, que cada unidad internacional en cada país tenga claro los objetivos de la entidad, pero que tenga la capacidad de decisión para cada tipo de demanda del mercado en que se encuentre.

El principal riesgo que se corre al tomar la decisión de tomar la estrategia transnacional, es que se incurran en los problemas de ambas estrategias (global y multipaís), no obteniendo ninguno de los beneficios que conllevan.

En cualquier caso lo importante es adaptar las estrategias de internacionalización a los objetivos y circunstancias particulares de cada empresa, buscando el equilibrio la estandarización y diferenciación de la oferta según los mercados y aprovechando las ventajas de los mercados globales en cuanto a la localización de actividades y transferencia de recursos y capacidades sin perder la flexibilidad para adaptarse a los cambios del entorno.

7. OBSTÁCULOS PARA LA INTERNACIONALIZACIÓN

La estrategia de internacionalización no está exenta de riesgos o dificultades debido a que supone una salida de la empresa de su marco actual de operaciones, entrando en un nuevo entorno lleno de incertidumbre.

Entre los principales obstáculos o barreras que se encuentra una empresa en el proceso de internacionalización, encontramos los siguientes

Obstáculos financieros: Entre ellos cabe destacar la falta de adecuados créditos a la exportación y la posible fluctuación adversa de los tipos de cambio.

Obstáculos comerciales: Los más habituales son el desconocimiento de oportunidades comerciales, el difícil acceso a los compradores potenciales en el extranjero, la falta de contactos en el mercado de destino, la ausencia de conocimientos sobre la estructura de distribución o prácticas comerciales, etc.

Dificultades logísticas: En este ámbito aparecen aspectos relacionados con la lejanía del mercado de destino, tales como los costosos viajes de exploración, los altos gastos de transporte, los costes de coordinación y control, etc .

Problemas culturales: Están derivados de la "distancia psicológica" y entre ellos destacan las diferencias idiomáticas, el desconocimiento y falta de sensibilidad a los gustos, costumbre y tradiciones locales, etc.

Restricciones legales: Imposiciones del gobierno del país receptor, que pueden materializarse en barreras arancelarias (impuestos, derechos de aduana, etc) o no arancelarias (cuotas a la importación, controles sanitarios, especificaciones técnicas, normas de seguridad etc.).

Obstáculos a la inversión directa: Pueden referirse a aspectos tales como la prohibición de empresas con un cien por cien de capital extranjero, las restricciones a la repatriación de beneficios, la obligación de fabricar productos con contenido local, etc.

Por otra parte, el fenómeno de la internacionalización ha provocado que las empresas que únicamente operan nacionalmente, se hayan encontrado con una mayor competencia en precios y una presión adicional para mejorar la calidad de sus productos o servicios, tras la llegada de nuevas empresas foráneas a territorio nacional, por lo que ninguna empresa puede escaparse al fenómeno de la competencia internacional.

8. DIAGNÓSTICO DEL SECTOR

Introducción

El principal factor que define la actual coyuntura general del sector de la construcción e ingeniería española es el escenario generalizado de crisis en el que está teniendo que operar y ello supone experimentar una fuerte contracción de la demanda tanto pública como privada, un incremento de la competencia, unas notables dificultades para el acceso a la financiación, que conduce también a una evolución del mercado hacia el concepto del "proyecto integral" y del "llave en mano", así como al progresivo crecimiento del cliente privado o público-privado con el surgimiento de nuevos modelos de negocio (procesos concesionales, gestión integral del proceso inversor, etc).

A nivel nacional, no cabe ninguna duda de que el mercado se encuentra en pleno ciclo de contracción como consecuencia de la las diferentes fases de la crisis (crisis financiera internacional, "burbuja inmobiliaria" española, crisis de la deuda soberana...) y tanto el sector público como el privado han reducido notablemente su demanda de ingeniería, en un caso por el escenario de presupuestos públicos en reducción y en el otro por las evidentes dificultades para el acceso al crédito para cualquier proyecto o iniciativa.

Así, la construcción e ingeniería civil se está contrayendo a pasos agigantados, provocando un incremento de la competencia con la consiguiente dificultad para la consecución de contratos. De hecho, las empresas de ingeniería civil están utilizando las carteras de pedidos que tenían pero el actual ritmo de licitaciones no permitirá dar continuidad a esa cartera.

En el ámbito industrial, el mercado nacional está disminuyendo también de manera notable en términos de grandes proyectos, pues únicamente se están llevando a cabo ciertas iniciativas en el ámbito energético. Además, la crisis coincide con el final de una época de fuerte inversión privada relacionada con actividades de ingeniería industrial en España y con el creciente fenómeno de deslocalización de las principales industrias.

En el caso de las obras relacionadas con el medioambiental, las demandas procedentes del sector privado prácticamente han desaparecido desde el comienzo de la crisis, mientras que la demanda procedente de las Administraciones Públicas no están pudiendo compensar dicha disminución debido a los presupuestos cada vez menores que manejan.

En cuanto al ámbito de la edificación, no cabe duda de que es uno de los sectores más claramente afectados dentro del actual escenario de crisis en España, fruto de la conjunción de la crisis financiera internacional con la "burbuja inmobiliaria" interna.

De hecho, la edificación se ha reducido prácticamente al ámbito público, quedando el privado sólo a un nivel residual para la finalización de los proyectos ya iniciados.

En concreto, el mercado residencial es casi nulo, las licitaciones son escasas y el mercado se está orientando hacia los proyectos de participación público-privada (concesiones). Todo ello está facilitando un incremento del escenario de "guerra de precios".

Por todo ello, las constructoras e ingenierías españolas se está enfrentando a la que sin duda es la crisis más profunda de su historia.

Sin duda influye la profundidad de la crisis económica pero también que el sector se encuentra actualmente con una dimensión mucho mayor a la alcanzada en el pasado como consecuencia del período de fuerte expansión experimentado años atrás.

Este proceso de madurez ha generado una rigidez en la operativa de las empresas que, unido a la limitada flexibilidad de la legislación laboral española, hace que una falta de actividad prácticamente anule el beneficio anual y una parada de largas duraciones impliquen en muchos casos una pérdida equivalente al conjunto de los recursos propios, es decir, la práctica desaparición de la empresa por quiebra técnica.

De ahí que la consecuencia directa de la drástica contracción de la demanda esté siendo un descenso de la contratación, una importante reducción de la cartera de proyectos y un fuerte descenso general de la actividad, con la inevitable pérdida progresiva de empleo y, en ocasiones, con la práctica desaparición de las empresas afectadas.

Y es que, en este contexto de crisis y con el único objetivo de asegurar su supervivencia, las empresas están tratando de responder a través de dos vías diferentes y complementarias: o bien a través de la disminución de su capacidad productiva por medio de Expedientes de Regulación de Empleo (ERE), o bien mediante la búsqueda de nuevas oportunidades de mercado tanto en el ámbito nacional como en el internacional.

Por desgracia, el despido de profesionales altamente cualificados supone en la práctica el desmantelamiento del sector, la pérdida de equipos cuya consecución ha requerido muchos años y cuantiosas inversiones y cuya destrucción podría ser irreparable ya que está viniendo acompañada de una notable "fuga de talento" a otros países o a otros sectores.

Descripción del sector

El sector de la construcción e ingeniería es muy importante en el desarrollo de un país ya que proporciona elementos de bienestar básicos en una sociedad al construir puentes, carreteras, puertos, vías férreas, presas, plantas generadoras de energía eléctrica, industrias, así como viviendas, escuelas, hospitales, y lugares para el esparcimiento y la diversión como los cines, parques, hoteles, teatros, entre otros.

El sector de la construcción utiliza insumos provenientes de otras industrias como el acero, hierro, cemento, arena, cal, madera, aluminio, etc., por este motivo es uno de los principales motores de la economía del país.

El sector de la construcción en cualquier país es esencial para lograr mejorar el bienestar de la comunidad y el desarrollo económico de la sociedad, especialmente cuando el concepto de construcción relaciona estructuras, terrenos y servicios básicos que beneficien a los habitantes.

Su evolución constituye uno de los principales indicadores económicos para la valoración de la actividad económica en el corto y mediano plazo, debido a que las fluctuaciones del sector constructor están muy asociadas al ciclo económico.

Con todo, esta definición no quedaría completa si no se mencionaran también otras labores que desarrollan las empresas de construcción e ingeniería, cada vez con más frecuencia, como son la dirección y asistencia técnica en la ejecución de obras, el denominado Project Management, la asesoría técnica especializada y el mantenimiento de infraestructuras y servicios públicos.

En la actualidad, los principales trabajos que desarrollan las empresas del sector abarcan las áreas de actividad siguientes:

o Transporte y comunicaciones.

o Hidrología e hidráulica.

o Geología y geotecnia.

o Agronomía, pesca y ganadería.

o Urbanismo y arquitectura.

o Abastecimiento y saneamiento.

o Medio ambiente.

o Energía.

o Minería.

o Plantas industriales.

o Plantas químicas.

Escenario del mercado de la construcción

El escenario de mercado del sector se caracteriza por:

☐ Escenario de crisis y globalización: "crisis global".

☐ Dificultades de financiación: la relativa facilidad para abordar grandes proyectos de inversión por medio de apalancamientos financieros elevados no va a ser posible.

☐ Previsible contracción general de la demanda, como consecuencia de la reducción de los presupuestos públicos como al ámbito industrial debido a la paralización de diversos proyectos por las dificultades de acceso al crédito por parte del sector privado.

☐ Existencia de "planes anticrisis" en diferentes países: con sus consiguientes apuestas por la anticipación en el tiempo de ciertas inversiones en infraestructuras previstas.

☐ Evolución del mercado hacia el concepto de "proyecto integral" y del "llave en mano".

☐ Crecimiento progresivo del cliente privado o público-privado.

☐ Existencia de oportunidades de nuevos modelos de negocio y nuevos segmentos de actividad, participación en contratos "llave en mano", participación en procesos concesionales y privatizaciones, gestión integral del proceso inversor, desarrollo de las TIC en infraestructuras, captación de recursos financieros externos y gestión integral del proceso inversor.

☐ Incremento de la competencia: tanto por la entrada de grandes firmas internacionales en España como por el progresivo fortalecimiento de los competidores locales de los países en vías de desarrollo.

☐ Cambios en el contexto de las instituciones multilaterales: los fondos multilaterales presentan cada vez una gestión más local, evolucionan hacia ayudas cada vez más "desligadas", se está conformando una nueva mecánica basada en la confección de listas cortas con un máximo de dos empresas por país.

☐ Protagonismo creciente de las Agencias de Cooperación como canalizadoras y/o gestoras de fondos.

☐ Cambios en la aplicación y distribución de los Fondos de Ayuda Externa de la Unión Europea: cesión de la gestión a terceros organismos (agencias de desarrollo de los países miembro, instituciones multilaterales).

☐ Aparición de nuevas modalidades de fondos que darán lugar a licitaciones: como el Fondo de Infraestructuras UE-África, Fondo de Inversiones de Vecindad (FIV), Fondo Euromediterráneo de Inversiones y Partenariado (FEMIP), Unión por el Mediterráneo, etc.

Análisis del sector mediante el modelo de las 5 fuerzas de Porter

Para entender el entorno competitivo del sector de la construcción vamos a utilizar el modelo de las cinco fuerzas de M. Porter.

Para ello vamos a identificar las cinco fuentes de presión competitiva que determinan la rentabilidad de un sector: la amenaza de la sustitución, la amenaza de posibles nuevos concurrentes, la intensidad de la rivalidad entre los competidores, el poder de negociación de los compradores, y el poder de negociación de los proveedores.

Estas cinco fuerzas influyen en precios, costes y requisitos de inversión, que son los factores básicos que determinan la rentabilidad, y de ahí lo atractivo de un sector.

El modelo de Porter establece unos protagonistas (competidores, compradores, proveedores, posibles nuevos concurrentes y sustitutos), sus interrelaciones (las cinco fuerzas) y los factores que determinan la intensidad de dichas fuerzas.

Amenaza de productos sustitutivos

Es la fuerza que delimita el valor total a repartir entre todas las empresas que forman parte del mercado.

Las otras fuerzas establecen el reparto de este valor total entre competidores actuales y potenciales, proveedores y clientes.

En la actualidad no existe tanto para el negocio de creación de infraestructura como de edificios, sustitutivos destacables que faciliten los mismos servicios que los productos de construcción, salvo que los clientes recurran al stock preexistente (al tratarse de activos de larga duración), esto limita la intensidad de esta fuerza.

Amenaza de nuevos competidores

El acceso de nuevas empresas al sector de la construcción e ingeniería depende de las barreras de entrada y de la reacción de las empresas previamente existentes.

La capacitación técnica es un factor clave para el desempeño de este tipo de proyectos. Las grandes constructoras no son las únicas que cuentan con este conocimiento sino que subcontratan partes concretas de los proyectos a empresas más pequeñas y especializadas. La vía de entrada de medianas constructoras al negocio aparece por medio de la colaboración entre iguales con distinta especialización. Ante este tipo de asociaciones, las grandes empresas pueden constituir contratos de larga duración con sus subcontratistas, concertando gran parte de su capacidad productiva, de modo que no puedan embarcarse en proyectos complementarios.

El proceso productivo, intensivo en mano de obra y que requiere un reducido volumen de capital fijo, dificulta la generación de economías de escala. Las grandes constructoras no cuentan con ventaja en términos de eficiencia con las de menor tamaño, sino que su dominio se deriva de su experiencia, conocimiento y estructura financiera que las hacen adjudicatarias de los trabajos.

En cuanto a las necesidades de capital, se hará una distinción en base a la naturaleza de los costes que deben financiar. La incorporación continua de grandes volúmenes de materiales y la mano de obra necesaria para el avance de los proyectos implica un gran volumen de circulante, financiado en parte por el cobro de las certificaciones de obra, aunque sí puede suponer cierta barrera de entrada al negocio. En estos casos especialmente, las constructoras deben acreditar una estructura financiera suficiente para afrontar por sí mismas, o con el apoyo de financiación externa, la ejecución de los proyectos.

Por el contrario, en general los proyectos de obra civil no precisan inmovilizados importantes, en relación con el total de recursos, lo que hace que ésta no sea una barrera de entrada al negocio. Sin embargo, las Administraciones exigen a los potenciales concurrentes una solvencia financiera, teóricamente superior a la efectivamente necesaria para los trabajos, que garantice el buen fin de los proyectos, evitando así problemas durante la ejecución.

Los efectos experiencia y aprendizaje también deben estudiarse desde una doble perspectiva: adjudicación y ejecución. En cuanto a la primera, la experiencia aporta una ventaja clave derivada del conocimiento del negocio necesario para que las propuestas de cada empresa tengan posibilidades claras de ser aceptadas.

Este conocimiento recae en los contratistas habituales y su personal, por lo que, las compañías que desean entrar en el mercado pueden contratar a los responsables de los departamentos de proyectos.

En cuanto a la ejecución, la experiencia acumulada en un proyecto no es totalmente extrapolable a los siguientes, por las distintas características de cada área geográfica, las necesidades concretas previstas en cada caso, las particularidades del mecanismo previsto por la Administración contratante y, en general, debido a que cada proyecto cuenta con un desarrollo independiente. Las ventajas de la experiencia anterior no se traducen, por tanto, en ventajas en término de costes.

La lealtad de los clientes es, a priori, reducida, ya que cada licitación es independiente de las anteriores, aunque la experiencia acumulada puede llevar a las Administraciones Públicas a decantarse por compañías que ya han realizado trabajos similares, habitualmente grandes compañías, que se enfrentan en competencia directa por los grandes proyectos y, más aún, cuando se recurre a los procedimientos restringido, negociado y diálogo competitivo. Además, cuando la empresa constructora realiza también la explotación/gestión de la infraestructura, la Administración modifica el contrato original de construcción–explotación ofreciendo ampliaciones al proyecto.

Esto se produce en infraestructuras de transporte (especialmente autopistas, cuando se desea aumentar el número de carriles, nuevos tramos de ampliación, etc.) y, en general, cuando los proyectos están asociados a largos períodos temporales.

En lo relativo a las políticas gubernamentales, la construcción es una industria sin ningún tipo de restricción. No existen limitaciones a la entrada de compañías extranjeras ni tampoco otros países tienen barreras que bloqueen la entrada de empresas españolas, lo que hace que los buques insignia de nuestro mercado tengan importantes fuentes de negocio en el extranjero. Eso sí, el proceso de apertura de los mercados hace que constructoras extranjeras puedan competir en España, pero también facilita la entrada de empresas españolas a otros países y permite a nuestras empresas operar conjuntamente con emprendedores extranjeros.

Resumiendo, el conocimiento del negocio constituye un factor clave para el subsector de obras públicas, cuyas barreras de entrada se basan, sobre todo, en los requerimientos técnicos y financieros demandados por la Administración. El tamaño y las estrategias de subcontratación se convierten así en factores clave que limitan la competencia real a la producida entre las empresas de mayor experiencia y dimensión.

Rivalidad de los competidores en el sector

El grado de concentración y equilibrio entre los competidores, si nos ceñimos a la titularidad de los proyectos, muestra un negocio bastante concentrado, ya que el 2% de las empresas, las de mayor tamaño, son responsables del 55% del volumen de negocio y las 28 mayores compañías acaparan el 20% de la actividad nacional.

Sin embargo, habitualmente no son los adjudicatarios principales quienes ejecutan la totalidad de los trabajos.

La legislación de contratos con las Administraciones Públicas promueve la colaboración empresarial, lo que proporciona oportunidades de negocio para las empresas que tienen niveles de especialización y eficiencia adecuados.

La subcontratación supone, junto a los proyectos conjuntos (en forma de UTEs y joint-ventures), el mecanismo de colaboración por excelencia y, puesto que la legislación no marca límites estrictos a esta práctica, son muchas las empresas que pueden beneficiarse de los proyectos de obra civil.

Por eso, se puede afirmar que la construcción de infraestructuras es un negocio relativamente concentrado.

Las barreras de salida son muy reducidas, ya que, al terminar la ejecución de las obras, no existen importantes activos susceptibles de desinversión; los costes fijos son relativamente bajos; la contratación de una parte del personal como la subcontratación de otras compañías, se realiza por proyecto y, una vez finalizada la obra, los contratos se extinguen sin coste para la empresa y, en muchos casos, la maquinaria es alquilada.

Sólo dos circunstancias hacen que los costes fijos puedan ser una carga importante en la actualidad:

– Caídas de actividad próximas a la adquisición de nueva maquinaria.

– Una revolución tecnológica que vuelva obsoletos los activos adquiridos. Éste es un hecho poco habitual, dado que se trata de un sector con una tecnología relativamente estable y cuyos avances se producen principalmente en los materiales incorporados, trasladando el riesgo, desde las constructoras, hacia los fabricantes de productos de construcción.

La tasa de crecimiento de la industria es limitada, ya que se encuentra vinculada a las políticas públicas de promoción de infraestructuras.

El objetivo europeo de crear una red transnacional de transporte terrestre garantiza fuertes inversiones, gran parte de ellas en países del entorno, hasta la consecución del objetivo comunitario. Esta situación favorece a empresas grandes y aquellas que no tengan miedo de acometer proyectos en el extranjero.

Se estima que el volumen de actividad será, a medio plazo, estable, hasta la terminación de la red, pero a largo plazo, habría que esperar nuevos diagnósticos de necesidades.

En territorio nacional, las constructoras se están viendo beneficiadas por los planes de estímulo económico, dado que la obra pública se está empleando como mecanismo contra cíclico, aunque existe una importante incertidumbre acerca de la situación, una vez terminados los planes anuales en vigor y los anticipados por los poderes públicos.

La vinculación de los demandantes a los contratistas es de grado medio. No existen costes de cambio de proveedor, ya que la asignación de cada proyecto se realiza por medio de procedimientos públicos independientes y cualquier empresa puede optar a los nuevos contratos.

Sin embargo, la legislación establece que la experiencia en proyectos similares es uno de los cuatro criterios empleados para evaluar a los candidatos, lo que puede introducir cierta vinculación entre demandante y contratistas.

Así, aunque es una carencia que puede ser subsanada por una mejor puntuación del proyectista en el resto de criterios sujetos a calificación, incrementa la intensidad de esta fuerza.

No existiendo tecnologías de carácter privativo ni factores labores exclusivos de un grupo reducido de empresas, el retroceso económico, que introduce un fuerte factor limitador en los presupuestos públicos, aporta un alto grado de incertidumbre e incrementa la competencia en el sector.

Se adjunta un gráfico que representa donde se colocan los tipos de empresas que compiten en el mercado de la construcción, donde se aprecia que las grandes constructoras copan una gran parte del mercado y además presentan un elevado grado de diversificación.

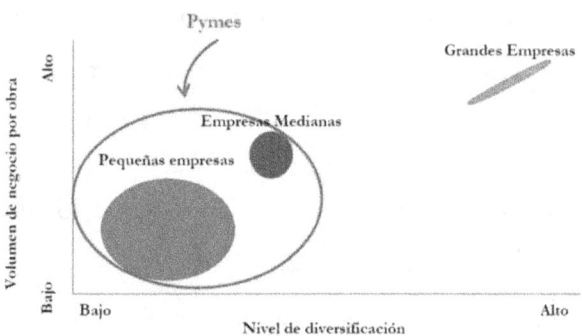

Poder de negociación de los proveedores

Las empresas constructoras son abastecidas por multitud de proveedores de naturaleza muy heterogénea. La naturaleza de cada proyecto y sus características concretas determinan los materiales que deberán incorporarse a los mismos.

Los principales proveedores de las empresas de construcción son los que fabrican cemento, cerámica, acero, energía, cobre, aluminio, madera, vidrio, yesos y escayolas, materiales ligantes, etc.

Los mercados de productos de construcción, en general, son fragmentados, al igual que ocurre en la Unión Europea, área natural de expansión para nuestras empresas, como en el resto del área internacional.

No son, por tanto, los proveedores una fuerza relevante en el modelo, debido al elevado número de suministradores y al reducido coste de cambio de proveedores; y, menos aún lo serán cuando desaparezcan las barreras europeas, pese al aumento de la concentración.

Poder de negociación de los compradores

Mayoritariamente en la obra civil, el cliente es la Administración Pública (Estatal, Autonomías y Organismos Locales). Todas ellas, en su papel de demandantes, actúan de manera similar, ya que las leyes que afectan a unas y otras están concebidas bajo los mismos criterios.

En la actualidad, las Administraciones Públicas se encuentran en una situación de fuerte control del gasto y las restricciones presupuestarias son mayores.

Si los recursos estatales son cada vez más limitados y las fuentes de financiación de los organismos son similares y cuentan con el mismo marco normativo, todas las Administraciones se comportarán de un modo similar, con pequeñas variaciones debidas a las preferencias del equipo de gobierno de cada una en cada momento.

Al contrario que el mercado de obra civil, la demanda de edificación depende mayoritariamente de agentes privados.

La demanda es muy fragmentada, por lo que los clientes no tienen el mismo poder de negociación que en la obra civil y eleva los márgenes de estos proyectos.

Resumen final modelo de las 5 fuerzas de Porter

Como resumen de todo lo expuesto anteriormente se puede generar la siguiente tabla que define la situación del sector de la construcción desde el punto de las cinco fuerzas competitivas de Porter, que nos permite entender el entorno competitivo que presenta el mismo:

FUERZAS	OBRA PÚBLICA	OBRA PRIVADA
PRODUCTOS SUSTITUTIVOS	BAJA	
NUEVOS COMPETIDORES	MEDIA	
COMPETENCIA ACTUAL	MEDIA-ALTA	
PODER PROVEEDORES	BAJA	
PODER COMPRADORES	ALTA	BAJA

Análisis DAFO

A partir del escenario del sector, y del análisis de la competencia según el modelo de las cinco fuerzas competitivas de Porter podemos generar un DAFO, de tal manera que:

o Debilidades. También llamadas puntos débiles. Son aspectos que limitan o reducen la capacidad de desarrollo efectivo de la estrategia de la empresa, constituyen una amenaza para la organización y deben, por tanto, ser controladas y superadas.

o Fortalezas. También llamadas puntos fuertes. Son capacidades, recursos, posiciones alcanzadas y, consecuentemente, ventajas competitivas que deben y pueden servir para explotar oportunidades.

o Amenazas. Se define como toda fuerza del entorno que puede impedir la implantación de una estrategia, o bien reducir su efectividad, o incrementar los riesgos de la misma, o los recursos que se requieren para su implantación, o bien reducir los ingresos esperados o su rentabilidad.

o Oportunidades. Es todo aquello que pueda suponer una ventaja competitiva para la empresa, o bien representar una posibilidad para mejorar la rentabilidad de la misma o aumentar la cifra de sus negocios.

DEBILIDADES

- Limitada capacidad financiera.
- Actual escenario de reestructuración sectorial forzosa (reducción de la contratación, de la cartera de proyectos, de la actividad, del empleo, cierre de empresas, etc).

- Limitado grado de excelencia en la gestión.

- Limitado grado de internacionalización y enfoque más oportunista que estratégico.

- Limitada diversificación hacia nuevos modelos o sectores de negocio.

- Inadecuación de la oferta formativa a las necesidades del sector y distinta valoración de titulaciones universitarias equivalentes.

- Deficiente Sistema de Innovación Sectorial.

- Imagen sectorial inadecuada tanto a nivel nacional (poco reconocido social y empresarialmente) como internacional (la marca país de España se centra en otros ámbitos).

- Existencia de situaciones de competencia desleal desde el ámbito público.

- Desventaja comparativa en términos de marco de apoyo público al sector.

- Inexistencia de información sectorial y de mercado que sea completa, rigurosa y actualizada, tanto histórica como previsiones.

- Limitada presencia de la universidad española en los foros internacionales del sector.

AMENAZAS

- Escenario general de crisis económica con incidencia en la licitación pública española.

- Contracción de la demanda interna tanto en el ámbito público como privado.

- Incertidumbre ante el más que posible cambio en la tipología de cliente dentro algunos sectores (paso desde el cliente público al privado).

- Progresivo incremento de la competencia, tanto por el progresivo fortalecimiento de los competidores locales de los países en vías de desarrollo, como por la entrada de grandes firmas internacionales en España

- Desventaja en la operativa de las empresas a nivel internacional dada la inexistencia de una "declaración de reciprocidad" que les permita concursar en otros países, existencia de fuertes agencias de desarrollo en otros países, limitada transparencia en los procesos de licitación por parte de las agencias de desarrollo europeas, exigencia de ratios económico-financieros (liquidez, endeudamiento, etc) incompatibles con la práctica europea.

- Incremento en el "riesgo-país" en muchos de los mercados de interés de la construcción e ingeniería española.

- Cambios en la aplicación y distribución de los Fondos de Ayuda Externa de la Unión Europea en la línea de ceder la gestión a terceros organismos.

- Progresivo avance en la deslocalización industrial hacia países emergentes.

- Existencia de una cierta desventaja comparativa frente a empresas de otros países en cuanto al papel de la Administración Pública como promotor de la competitividad del sector (relativa descoordinación entre las diferentes instituciones promotoras de la internacionalización, limitado apoyo diplomático, limitados recursos disponibles e inadecuación del principal instrumento de apoyo a la internacionalización del sector, falta de agilidad burocrática, complejidad del marco de apoyo público a la I+D+i, déficit de información sobre el mercado público nacional o sobre los mercados internacionales, etc).

- Acusado grado de atomización y desestructuración del sector.

- Reducida inversión pública en ingeniería a nivel español respecto a otros países.

- Fragmentación y descoordinación normativa a nivel autonómico.

FORTALEZAS

- Acreditada capacidad para desarrollar trabajos con una elevada dificultad técnica.

- Satisfactorio servicio de atención al cliente y mejora continua de la postventa.

- Mayor conciencia comercial, dado que la crisis les está obligando a tener más presencia y a ser más conocidas en el mercado.

- Tendencia a dejar de ser en la práctica "empresas familiares" y avanzar cada vez más hacia su profesionalización.

- Existencia de un relevante número de grandes empresas e incluso de PYME's especializadas que disfrutan de un más que satisfactorio grado de excelencia en la gestión, al lado de una fuerte capitalización y sólido respaldo financiero.

- Existencia de grandes multinacionales con gran presencia en el mundo.

- Notable capacidad técnica y humana de los profesionales del sector (elevada cualificación técnica, fuerte capacidad de trabajo, gran potencial para la gestión de proyectos, importantes facultades para la resolución de problemas, adaptabilidad a diferentes ambientes o entornos de trabajo, potencial para generar confianza en los clientes, gran capacidad creativa.

- La penetración de las TIC en este sector es muy alta con recursos familiarizados con estas tecnologías.

- Potencial para poder ofrecer servicios especializados y personalizados.

- Notable experiencia en un mercado nacional altamente competitivo.

- Existencia de compañías con potencial para poder ser competitivas a nivel global.

- Interés creciente en materia de internacionalización dentro del sector.

- Sectores más activos en materia de internacionalización (progresiva incorporación de recursos especializados, relevante red internacional de filiales o delegaciones, cada vez más importante experiencia a nivel internacional, disposición de un número creciente de referencias en este campo, progresiva apertura de nuevos mercados, considerable grado de éxito en los mencionados procesos de internacionalización).

- Buen aprovechamiento de los fondos gestionados por

instituciones multilaterales (en especial los pertenecientes a la Unión Europea, al Banco Interamericano de Desarrollo, al Banco Mundial y a la Corporación Andina de Fomento).

- A pesar de todas las dificultades, el sector está innovando y aprovechando las nuevas tecnologías en la medida de sus posibilidades.

- El nivel tecnológico de las empresas españolas es muy equiparable al de los países más avanzados.

- Satisfactoria relación calidad-precio a nivel internacional. La construcción e ingeniería española constituye un sector altamente competitivo donde se hacen bastantes cosas, bastante bien y bastante barato aunque eso sí, sobre la base de ir ajustando progresivamente la calidad y los precios mediante reducciones de los márgenes.

- La imagen del sector a nivel internacional ha ido mejorando progresivamente de manera notable, en parte por factores propios (excelencia técnica, buena relación calidad-precio, cualidades humanas…) y en parte por factores ajenos (liderazgo español en determinados sectores conexos al mundo de la ingeniería: transporte, alta velocidad ferroviaria, energías renovables, desalinización de agua de mar, etc.).

OPORTUNIDADES

- Existencia de oportunidades en materia de nuevos modelos de negocio (participación en contratos "llave en mano", participación en procesos concesionales y privatizaciones) o en nuevas áreas de actividad (gestión integral del proceso inversor, aplicación de las TIC en infraestructuras, etc).

- Evolución del mercado hacia el concepto de "proyecto integral" y del "llave en mano".

- Crecimiento progresivo del cliente privado o público-privado.

- Evolución del mercado hacia nuevos modelos de contratación.

- Fuertes desarrollos de las tecnologías de la información y las comunicaciones.

- Intensificación general de políticas de apoyo a nuevos desarrollos tecnológicos que permiten potenciar la competitividad y productividad empresarial.

- Existencia de oportunidades de negocio a nivel nacional a pesar del gran desarrollo alcanzado en materia de infraestructuras: optimizar la planificación y la conservación de las infraestructuras, introducir tecnología para ganar en seguridad y comodidad, crear una red de transporte de

---

mercancías por ferrocarril, racionalizar y abaratar el consumo energético, afrontar el reto de la protección del medio ambiente, una política energética de futuro, un plan hidráulico nacional, mejorar la movilidad, facilitar el transporte de mercancías, el acceso a los municipios, la remodelación peatonal de nuevos espacios urbanos, etc.

- Elevado volumen de actividad en la gestión de proyectos de mantenimiento en España.

- El avance de las sociedades genera también una continua actualización en las necesidades de infraestructuras por muy "construido" que se considere un país.

- Potencial de las iniciativas de participación público-privada, como es el caso en España del "Plan Extraordinario de Infraestructuras".

- Las previsiones apuntan a un crecimiento de la economía mundial en el sector.

- Relativa ventaja en costes frente a determinados países desarrollados.

- Progresiva mejora del apoyo diplomático al sector.

- Tradicional apoyo al sector desde el ICEX y otros organismos autonómicos.

- Aparente consenso internacional por parte de las grandes potencias occidentales para minimizar los efectos de la crisis e impedir su repetición en el futuro.

- Existencia de "planes anticrisis" en diferentes países que la anticipación en el tiempo de ciertas inversiones en infraestructuras previstas.

- "Efecto arrastre" que pueden generar sobre las grandes empresas españolas de otros sectores para el acceso a determinados mercados internacionales.

- Los fondos multilaterales presentan una gestión cada vez más local y evolucionan hacia ayudas cada vez más "desligadas", lo cual puede facilitar el acceso de las empresas españolas a fondos de terceros países.

- Progresiva evolución de la cooperación española.

- Tradicional ventaja de las empresas española en los países Latinoamericanos por factores de idioma y cultura.

- Todavía limitada competencia existente en los países en desarrollo.

- Posibilidad alta de "efecto arrastre". Existencia de grandes multinacionales con gran presencia en el mundo que pueden abrir el mercado al resto de empresas.

9. SITUACIÓN INTERNACIONAL DE LAS GRANDES CONSTRUCTORAS

Introducción

Las constructoras españolas que se han escogido por ser más representativas y presentar un proceso muy importante de internacionalización, son las 6 más grandes en volumen de negocio y que además cotizan en el Ibex 35, es decir:

El Grupo ACS, el Grupo FCC, Ferrovial, Acciona, el Grupo OHL y Sacyr.

Evolución del proceso de internacionalización

Las grandes empresas constructoras han llegado a posicionarse en el mercado mundial, siguiendo varias etapas en un proceso de larga duración donde se han producido varios estadios que a continuación se detallan:

LA PRIMERA INTERNACIONALIZACIÓN, 1968-1984

Paralelamente a un intenso proceso de modernización productiva, técnica y corporativa, se inició la salida de las grandes constructoras a los mercados exteriores, compitiendo con otras empresas foráneas en las licitaciones internacionales de obras.

El proceso, como tal, se inició en la segunda mitad de los años sesenta, aunque hasta principios de la década siguiente no cobró cierta importancia. Si bien es cierto que en las décadas anteriores se habían ejecutado algunas obras fuera de nuestras fronteras de forma esporádica el enorme esfuerzo que supuso atender a la creciente demanda interna española de obras hizo imposible que las empresas pudieran destinar los recursos y medios con los que contaban a otra cosa distinta y mucho menos pensar en una posible internacionalización.

Todo esto empezó a cambiar cuando algunas de estas empresas comenzaron a desarrollar una estrategia de salida al exterior en la segunda mitad de los años sesenta.

Así ocurrió, entre otras, con Entrecanales y Távora, y con Huarte y Compañía, que en 1968 trazó un plan de expansión en el exterior para diversificar riesgos, conseguir mayor prestigio y mejorar la formación de sus directivos, aparte de colaborar con el Gobierno en materia de exportaciones.

No obstante, fue Dragados la compañía que emprendió una estrategia de internacionalización más firme y sostenida, que fue madurando desde los primeros años sesenta sobre la base de la reputación que había alcanzado en la construcción de grandes presas y la evidencia de que en España se había construido ya un gran número de ellas, con la consiguiente saturación del mercado.

Entre 1965 y 1966, los directivos de Dragados hicieron gestiones y participaron en licitaciones en dos grupos de países, en los que concurría un claro interés político del Gobierno español en la introducción de nuestras empresas: Hispanoamérica y el mundo árabe.

En 1966, después de presentarse a numerosas licitaciones, Dragados ganó el primer concurso internacional: la construcción del Complejo Hidroeléctrico de Kadinçik (Turquía), obra financiada por el Banco Mundial. A partir de ese momento el proceso de internacionalización no tuvo punto de retorno. Creó filiales en Argentina y Venezuela, delegaciones en otros países y formó lo que sería después su división internacional.

Iniciativas semejantes empezaron a ser tomadas por otras grandes empresas del sector en los primeros años setenta. Desde 1974, Ferrovial volvió a estar presente en los mercados exteriores, ahora de una manera constante y sostenida, a través de la participación en proyectos de obras en el norte de África, países árabes del Golfo Pérsico e Hispanoamérica, y creando en 1979 Ferrovial Internacional como instrumento principal de su actividad en el extranjero.

Y Agromán, una de las grandes que tuvo una actitud más titubeante respecto a su salida al exterior, comenzó esta actividad en 1970 en la República Dominicana, construyendo un importante complejo hidroeléctrico, así como en Portugal.

En 1975, sus cifras de producción en el extranjero no eran todavía significativas, aunque esto empezó a cambiar en los dos años siguientes, tras obtener adjudicaciones importantes en Hispanoamérica y en los países árabes. Su estrategia se basaba en conseguir fuera de las fronteras nacionales el alto prestigio que tenía en el mercado interior.

La última de las grandes constructoras en emprender su internacionalización fue FOCSA. La cual no salió al exterior hasta 1979, cuando se vio obligada debido a la morosidad de los Ayuntamientos en el pago de sus deudas y la contracción del sector de la construcción en España.

Así pues, aunque de distinta manera en cada caso, las grandes empresas constructoras españolas habían emprendido su actividad internacional a mediados de los años setenta. La actividad internacional de las constructoras españolas, medida por su facturación en el exterior, no paró de crecer a lo largo de la década de los setenta.

El aumento fue muy vigoroso a partir de 1979 y alcanzó su nivel máximo en 1984, momento a partir del cual tuvo lugar un retroceso que se prolongó hasta los primeros años noventa. Así pues, el primer ciclo de internacionalización de las empresas constructoras españolas duró aproximadamente 15 años.

Comenzó de manera modesta en los últimos años sesenta, pero fue muy intenso en el lustro final (1980-1984), coincidiendo con la crisis del sector de la construcción en España, lo que fue un acicate adicional para intensificar la salida al exterior, y con el aumento de la demanda mundial de construcción, alimentada en particular por los países productores/exportadores de petróleo.

La posterior contracción del mercado mundial, en especial en Hispanoamérica y en los países árabes del norte de África y de Oriente Medio, regiones donde se había concentrado la actividad de las firmas españolas, redujo su presencia exterior.

A ello contribuyó también la reactivación del mercado nacional de la construcción desde la mitad de los años ochenta, en particular después de la incorporación de España a la Comunidad Económica Europea en 1986.

Este primer ciclo de internacionalización tuvo una trascendencia indudable para las constructoras españolas, por todo lo que supuso dentro de su cadena de aprendizaje y de acumulación de experiencia fuera del país.

NUEVO PERIODO DE TRANSICIÓN, 1990-1996

Durante la segunda mitad de los años ochenta, el crecimiento del mercado nacional (obra civil y edificación residencial y no residencial) reorientó la actividad de las constructoras españolas al interior de nuestras fronteras hasta 1990.

La actividad exterior se redujo drásticamente, aunque no se abandonó. De hecho, en estos años se produjo una fuerte entrada en Portugal, que se convirtió en una prolongación del mercado español. Por otro lado, la expectativa de creación del mercado interior en la UE en 1993 elevó el nivel de competencia en el mercado español y portugués ante la mayor presencia de las constructoras europeas, y obligó a las empresas españolas a pensar en el mercado europeo, un reto entonces pendiente, en el que las dificultades para penetrar eran muy elevadas debido al dominio de cada mercado nacional por las constructoras locales.

En cualquier caso, la recuperación de la actividad internacional de construcción, ya fuera en los mercados tradicionales (países menos desarrollados) o en otros nuevos para las constructoras españolas (Europa, EE UU, Sudeste Asiático), les obligaba a éstas a competir esencialmente con las grandes empresas europeas de Alemania, Francia, Gran Bretaña e Italia.

En respuesta a estos retos, así como a la contracción del mercado interno ocurrida entre 1991 y 1994, a la caída de la inversión pública en obra civil debida a la restricción presupuestaria (convergencia hacia la moneda única), y a los cambios en el modelo de licitación de las obras públicas (adjudicación mediante concesión),las grandes constructoras españolas acometieron durante los años noventa una triple estrategia de concentración, diversificación e internacionalización, muy relacionadas, entre sí (García López y Úbeda, 1997).

El objetivo fundamental fue ganar capacidad competitiva en un entorno cada vez más abierto, donde las diferencias entre operar en el mercado doméstico y en los mercados exteriores tendían a desvanecerse.

La concentración, a través de diversas operaciones de compra y/o fusión, dio lugar a seis grandes grupos constructores (FCC, Dragados, ACS, Acciona, Ferrovial y OHL), que consiguieron el tamaño mínimo necesario para enfrentarse a la competencia por los grandes contratos internacionales.

La diversificación fuera de la actividad estrictamente constructora, y en concreto hacia los servicios urbanos, el medio ambiente, la energía y el transporte, entre otras actividades, se produjo en parte como consecuencia del referido proceso de concentración. FCC fue pionera en esta estrategia lo que se puede considerar como una respuesta ante unas necesidades crecientes donde cobraban importancia la rehabilitación, la restauración y el mantenimiento.

De esta manera, a mediados de los años noventa, algo menos de una cuarta parte de la cifra de negocio del sector de la construcción procedía de actividades ajenas a la construcción, si bien la empresa líder de esta estrategia, FCC, casi duplicaba esta cifra con el 43%.

Una nueva expansión en el mercado internacional se origina de forma paralela al despliegue de las dos estrategias comentadas anteriormente estrategias.

El volumen de contratación en el exterior de las constructoras españolas reinició en 1991 una senda de crecimiento que no se detuvo hasta el año 2000, y la facturación siguió esa misma tendencia, superando en 1994 la cota máxima alcanzada diez años antes.

De nuevo, fueron los mercados latinoamericanos los que más contribuyeron a esta expansión, junto con la incorporación de otros nuevos (asiáticos, europeos y africanos). Por el contrario, los mercados del norte de África y Oriente Medio no recobraron la importancia que habían tenido en los primeros años ochenta.

La recuperación del peso de la facturación exterior en el conjunto de la cifra de negocio de las grandes constructoras españolas (en torno al 9% en 1995) fue más lenta y tardó en alcanzar el nivel de los primeros años ochenta. En 1995 estaba todavía muy alejado de la media de las grandes constructoras europeas (alrededor del 29%), siendo Dragados la que seguía teniendo una actividad internacional mayor (17%). Estas diferencias, no obstante, se fueron reduciendo en los 12 años siguientes hasta desaparecer.

SEGUNDA INTERNACIONALIZACIÓN

La internacionalización de las grandes empresas constructoras españolas constituye una de las manifestaciones más notables de la internacionalización de la empresa española durante las dos últimas décadas.

Después de acometer un fuerte proceso de concentración durante los años noventa, que proporcionó tamaño internacional a las firmas surgidas del mismo, estas redoblaron su estrategia de internacionalización, que había arrancado en los años sesenta y setenta pero que fue débil hasta los noventa.

En 2007, las seis mayores compañías (FCC, ACS-Dragados, Acciona, Ferrovial, OHL y SACYR-Vallehermoso) estaban entre las mayores empresas europeas del sector por capitalización bursátil y, según la revista americana Public Works Financing, formaban parte de las 12 primeras compañías del mundo por obras en ejecución, concesiones de gestión de infraestructuras de transporte (autopistas, puertos, aeropuertos y ferrocarriles) y obras en proceso de licitación. Su posición como operadores multinacionales se había fortalecido desde 2003 y su facturación en el exterior había escalado desde el 12% hasta el 35% de sus ingresos totales.

De la misma manera, los destinatarios de sus inversiones ya no eran únicamente países con menor nivel de desarrollo que España, como había ocurrido en la primera fase de su internacionalización, sino preferentemente países desarrollados. En 2006, el 56% de la facturación exterior de las constructoras españolas procedía de la Unión Europea, el 27% de América del Sur y el 10% de América del Norte.

El tamaño, la capacidad financiera y de gestión, y el conocimiento del negocio de las empresas constructoras españolas son los principales factores que explican este reciente e intenso proceso de internacionalización.

En esta línea, dicho proceso se ha basado principalmente en la acumulación por parte de estas empresas de una serie de capacidades a lo largo de los años, especialmente técnicas (ingeniería, diseño, servicios técnicos especializados), financieras y de gestión (organización, logística), que han sabido administrar estratégicamente durante su salida al exterior; y que estas capacidades han sido creadas y acumuladas por estas firmas en un período anterior y más dilatado en el tiempo que el referido estrictamente a las dos últimas décadas.

Muy significativos son los datos que muestran como en el año 2007 casi el 70% de los proyectos del sector constructor español se ubicaba dentro de nuestras fronteras. En la actualidad, más del 84% de la cartera de proyectos de las constructoras españolas procede de contratos en el extranjero.

Como se ha visto hasta ahora el proceso de internacionalización de las grandes constructoras españolas es un proceso que se entiende mejor cuando se analiza desde el largo plazo.

La internacionalización se precipitó debido a las situaciones económicas existentes en el país, unas caídas abruptas de la obra pública y al tiempo se vio favorecida por la experiencia, fuerte estructura organizativa y técnicas acumuladas por las grandes empresas.

Grupo ACS

El área de Construcción del Grupo ACS se dedica a la realización de todo tipo de contratos de Obra Civil (actividades relacionadas con el desarrollo de infraestructuras como autopistas, obras ferroviarias, marítimas y aeroportuarias), de Edificación (edificios residenciales, equipamiento social e instalaciones) y de proyectos relacionados con el segmento de la Minería (contratos de prestación de servicios de minería, así como el desarrollo de los trabajos e infraestructuras necesarios para la actividad minera).

La actividad de Construcción del Grupo ACS se desarrolla a través de las tres compañías cabeceras de esta área, que son Dragados, HOCHTIE F e Iridium, y que a su vez engloban un numeroso grupo de empresas.

Las empresas de construcción del Grupo ACS realizan el desarrollo de los proyectos mediante diferentes modelos de contratos, ya sea de construcción directa para clientes, tanto públicos como privados, o en régimen concesional a través de distintos modelos contractuales de colaboración público-privada, abarcando toda la cadena de valor del negocio concesional, desde la concepción del proyecto hasta su financiación, construcción, puesta en marcha y explotación.

Durante el año 2014, el área de Construcción ha continuado con su estrategia de maximización de la eficiencia operativa, optimización de la fortaleza financiera y mejora del seguimiento y control de los riesgos.

El aprovechamiento de la complementariedad y experiencia de las empresas del Grupo en las diferentes áreas técnicas y geográficas, permite que el Grupo aborde proyectos de mayor tamaño y complejidad técnica en más de 40 países de todo el mundo.

La actividad de Construcción del Grupo ACS cuenta con una estructura altamente descentralizada y una fuerte diversificación geográfica y de actividades, posicionándose como una de las empresas líderes de construcción a nivel mundial.

Grupo FCC

FCC es la matriz de uno de los primeros grupos europeos de servicios ciudadanos, presente en los sectores de los servicios medioambientales, el agua y la construcción de infraestructuras.

En 2014, FCC facturó 6.334 millones de euros. De esta facturación, el 44% procede de los mercados internacionales, principalmente Europa y América.

FCC comienza su experiencia internacional en el año 2004. Los mercados en los que más ha crecido en los últimos años son Latinoamérica, Estados Unidos y Oriente Medio y África. Por países, es relevante la presencia en Reino Unido, Panamá y Centroamérica, México, Portugal, Arabia Saudí y Qatar Está presente en más de 34 países, donde desarrollan comunidades eco-eficientes.

FCC presta servicios en países con mercados estables y sistemas legales independientes, así como en ciudades con un nivel relativo de prosperidad medio-alto.

A medio-largo plazo, el grupo FCC será una compañía de servicios ciudadanos más global y diversificada debido a la estrategia seguida por la empresa.

Una empresa preparada para experimentar crecimientos continuos y establecerse de manera estable en los distintos mercados en los que opera.

Una organización que busca elevar el perfil de negocio anti cíclico de la compañía.

Ferrovial

Ferrovial es uno de los principales operadores globales de infraestructuras y gestores de servicios a ciudades, comprometido con el desarrollo de soluciones sostenibles.

La compañía cuenta con más de 69.000 empleados y presencia en más de 25 países. La compañía cotiza en el IBEX 35 y forma parte de prestigiosos índices de sostenibilidad como el Dow Jones Sustainability Index y FTSE4Good.

Las actividades de Ferrovial se desarrollan a través de cuatro líneas de negocio:

Servicios: prestación eficiente de servicios urbanos y medioambientales y el mantenimiento de infraestructuras e instalaciones.

Autopistas: promoción, inversión y operación de autopistas y otras infraestructuras.

Construcción: diseño y construcción de infraestructuras en los ámbitos de la obra civil, la edificación y la construcción industrial.

Aeropuertos: inversión y operación de aeropuertos.

El compromiso con la sociedad es una seña de identidad de la compañía. Es por eso que apuestan por la Responsabilidad Corporativa, las buenas prácticas en materia de Calidad y Medio Ambiente y el desarrollo de la Innovación. Prestan servicios a grandes comunidades para promover el desarrollo socioeconómico, ayudando con nuestra gestión a mejorar la calidad de vida y el progreso de las personas.

La internacionalización, que ha llevado a Ferrovial a consolidar una presencia significativa en cinco geografías de manera estable: España, Estados Unidos, Reino Unido, Canadá y Polonia.

El objetivo es seguir impulsando su actividad en estos países, así como desarrollar nuevos mercados con una adecuada gestión de riesgos, apalancándose en sus capacidades actuales y estableciendo alianzas con socios locales.

Fuera de España, la división de construcción internacional de Ferrovial lleva igualmente a cabo la actividad en todos los ámbitos de la obra civil y la edificación.

La actividad de la división se desarrolla tanto con presencia local por medio de filiales como Budimex en Polonia o Webber en el Estado de Texas en Estados Unidos, como mediante delegaciones estables en países que son considerados de interés estratégico.

En la actualidad existen oficinas en Estados Unidos, Canadá, Polonia, Reino Unido, Irlanda, Portugal, Chile, Colombia, Perú, Puerto Rico, Brasil, Catar, Emiratos Árabes Unidos, Arabia Saudí, India y Australia.

Acciona

ACCIONA es una de las principales corporaciones empresariales españolas, líder en la promoción y gestión de infraestructuras, (construcción, industrial, agua y servicios) y energías renovables. Cotiza en el selectivo índice bursátil Ibex-35, y es un valor de referencia en el mercado.

ACCIONA ha consolidado la reinvención de esta gran Compañía. Hace menos de una década era una de las principales constructoras españolas, inmersa en un proceso de diversificación y búsqueda de oportunidades de negocio a nivel internacional. Durante 2008 y tras la salida de Endesa en 2009, ACCIONA ha culminado su transformación en una Compañía pionera en desarrollo y sostenibilidad, convertida en un líder global en promoción, producción y gestión de energías renovables e infraestructuras (construcción, industrial, agua y servicios), con el menor impacto medio ambiental.

Esta trayectoria no habría sido posible sin su tradición pionera. No en vano protagonizó la primera fusión en el mercado español de la construcción y, durante la década de los 90, fue también la primera non-utility en adoptar una estrategia basada en las energías renovables.

En 2004, José Manuel Entrecanales es nombrado Presidente, liderando la transformación de la Compañía hacia tres pilares de crecimiento: infraestructuras, energía y agua.

Un cambio que reforzó en 2005 con una innovadora estrategia de posicionamiento basada en la orientación de estos negocios hacia el desarrollo sostenible con una fuerte vocación de globalidad. Esta profunda trasformación ha sido posible además, gracias al enorme esfuerzo inversor, a una decidida apuesta por la innovación y al compromiso social como creador de empleo de calidad.

Su posicionamiento como pioneros en desarrollo y sostenibilidad expresa su capacidad de dar respuesta al reto de conseguir un desarrollo sostenible, a través de todas sus áreas de actividad.

Uno de sus compromisos concretos es reducir paulatinamente su huella climática y liderar la transición hacia una economía baja en carbono. Así, las actividades y negocios de ACCIONA evitaron la emisión total de 16,3 millones de toneladas de CO_2 a la atmósfera en 2014.

Grupo OHL

Obrascon Huarte Lain (OHL) es un gran grupo internacional de concesiones y construcción. Con una experiencia centenaria, tanto en el ámbito nacional como en el internacional, está presente en 30 países de los cinco continentes; es el resultado de la fusión de Obrascón, Huarte y Lain.

El Grupo OHL se organiza en cuatro divisiones:

• OHL Concesiones, división estratégica del Grupo, es una de las mayores operadoras e inversoras privadas de infraestructuras de transporte en el mercado internacional, situándose entre las diez primeras empresas, según el prestigioso ranking 2011 de PWF.

• OHL Construcción, que comprende la actividad original de la empresa matriz, OHL, es también un referente a nivel internacional. Concentrada en obra civil, mantiene un fuerte compromiso con los criterios de prudencia.

• OHL Industrial, especializada en proyectos industriales EPC, se encuentra estructurada en cuatro áreas: Oil and Gas, energía, manejo de sólidos y sistemas contra incendios.

• OHL Desarrollos, especializada en la promoción y explotación de infraestructuras turísticas y rotacionales.

OHL construcción ha mantenido durante los últimos años una estrategia basada en la expansión de nuevos mercados, en los cuales prima la idea de permanecer en los mismos.

Se ha cuidado mucho los objetivos y se ha hecho una expansión de forma prudente, que ha permitido obtener importantes contratos y consolidar una cartera de proyectos que garantice el crecimiento equilibrado en el futuro. Esto se ve avalado por el crecimiento continuo de ventas que también ha tenido.

Con esta política y sus buenos resultados OHL ha obtenido el excelente reconocimiento en el ranking de Contratistas Internacionales de la prestigiosa revista ENR (Engineering New Records), y que le ha llevado a situarse en el puesto 21 de entre las mejores a escala mundial. Además es líder mundial en construcción de hospitales y primer inversor privado en infraestructuras en Latinoamérica.

OHL Construcción Internacional está presente en el mundo mediante filiales en Polonia, República Checa y Perú, algunas de ellas conseguidas por medio de adquisiciones.

La estrategia de internacionalización de OHL construcción ha sido muy diferente dependiendo del destino elegido. Tiene delegaciones y sucursales en Rumania, Turquía, Polonia, México, Argentina, Ecuador, Colombia y Chile

Entró en el mercado de Europa Central en abril de 2003 con la adquisición del grupo constructor checo ŽPSV, compuesto por 20 sociedades. En Perú a principios del 2008 el Grupo OHL adquiere el 94% de la Constructora TP, SAC, una de las más importantes del país, OHL con el fin de posicionarse con fuerza en este mercado, donde ya había ejecutado anteriormente varios proyectos.

En los Estados Unidos ha tenido un gran éxito en el Estado de Florida y siguiendo su actividad comercial en el mercado de EEUU, se ha centrado sobre todo en Nueva York. En este mercado ha entrado en la parte de construcción a través de su alianza estratégica con la constructora neoyorquina Judlau Contracting . Con la incorporación a su accionariado como socio estratégico con la adquisición del 50,1% de la compañía, que está especializada en obra civil y que tiene su sede de operaciones en el estado de Nueva York, donde ya ha realizado obras relevantes de túneles, puentes, carreteras y metro.

El precio de la adquisición fue de 72,5 millones de dólares USA. A esa cifra se añadirá un variable que dependerá del Ebitda cosechado hasta 2012 La española ha utilizado recursos propios para acometer esta nueva inversión. Sin embargo, no descarta acudir a la banca para financiarla en los próximos meses.

Como en anteriores operaciones, Villar Mir mantendrá el equipo directivo de Judlau, encabezado por su fundador Thomas Iovino. Ahora, OHL analiza la posibilidad de ampliar un acuerdo que se limita al área de construcción, dejando al margen pequeñas filiales como Midland Tech o TC Electric.

Además se ha firmado que a partir del 2015 el grupo OHL podrá adquirir el 49,9% restante del capital social, a razón de un 10% anual, si ejercita el derecho de opción de compra que ostenta, o si dichas acciones fueran puestas a su disposición en ejercicio del derecho de venta que ostenta su propietario.

Con esta adquisición por parte de OHL, se refuerza la capacidad financiera y técnica de Judlau Contracting que ahora competirá en los grandes proyectos de obra civil y en el desarrollo de infraestructuras dentro del esquema de colaboración público-privada, ampliando su ámbito de actuación de Nueva York a otros estados de EEUU.

El nuevo brazo constructor de OHL refuerza la estrategia de la compañía en la costa Este, donde controla Community Asphalt, Tower Group, Arellano y Stride, firmas adquiridas entre julio de 2006 y septiembre de 2008. Bajo el paraguas de OHL USA, todas ellas sumaron en 2009 una facturación de 308 millones de euros. Una cifra que podría casi duplicarse este año gracias a Judlau.

Tras presentarse en Canadá a través de un consorcio constituido por OHL (25%), el fondo de inversión británico Innisfree (30%), la constructora británica Laing O´Rourke (25%) y la empresa de servicios francesa Dalkia (20%), denominado CHUM Collectif se le ha adjudicado el contrato de concesión para el diseño, construcción, financiación y operación del Hospital de CHUM de Montreal. La construcción será ejecutada por una UTE (unión temporal de empresas) liderada por OHL, con un 50%, y con Laing O´Rourke como socio.

Actualmente en Colombia participa con un 30% en la construcción del complejo hidroeléctrico El Quimbo. Este proyecto, en UTE con la italiana Impregilo, tiene un presupuesto de 283 millones de euros y fue adjudicado por Emgesa, filial colombiana de Endesa.

En los países del Golfo Pérsico le han adjudicado la línea de alta velocidad Meca-Medina dentro del consorcio Al-Shoula Group , un consorcio español, en el que también participan empresas saudíes, y en el que se ha adjudicado el proyecto de construcción de una línea de Alta Velocidad (AVE) entre La Meca y Medina (Arabia Saudí), presupuestado en unos 6.500 millones de euros. El grupo español está integrado por Copasa, Imathia, Cobra, OHL, Dimetronic, Inabensa, Indra, Renfe y Talgo. Esta última compañía será la encargada de suministrar los trenes.

El contrato incluye la construcción de la plataforma de la línea ferroviaria, de unos 450 kilómetros de longitud, la instalación de los sistemas de señalización y telecomunicaciones, la electrificación, el centro de operaciones y control y el suministro de 35 trenes AVE. Además, incluye la operación y el mantenimiento de la línea por un periodo de 12 años.

También cabe destacar el proyecto que ha llevado a cabo en Argelia, al liderar el consorcio que ha resultado adjudicatario de la construcción de la segunda autovía de de circunvalación de Argel, por 459,34 millones de euros. OHL controla el 55% del consorcio adjudicatario, que completan la portuguesa Texeira Duarte, con una participación del 35%, y la sociedad pública argelina Engoa, con el 10% restante.

Se trata del mayor proyecto licitado en este país y consiste en la construcción de una autovía de 65 kilómetros de longitud, con dos carriles por sentido y calzada y con posibilidad para incorporar un tercero en el futuro.

En Asia, el grupo OHL mantiene una intensa actividad comercial en esta área importantes procesos de licitación abiertos, aunque con un criterio muy selectivo en la elección de las operaciones en las que se involucra.

En esta región del mundo podemos destacar como OHL a través de una joint venture junto a Contrack International, filial del grupo constructor egipcio Orascom, ha sido adjudicataria de un contrato para la construcción en Doha (Qatar) de uno de los hospitales de alta tecnología más avanzados del mundo: el Centro Médico y de Investigación de Sidra.

En Turquía también el grupo OHL ha sido adjudicatario del proyecto de proyecto Marmaray, consistente en desarrollar la conexión de las líneas férreas del lado europeo con las del lado asiático, en Estambul, a través de un túnel sumergido en el Estrecho del Bósforo, lo que permitirá el tránsito de trenes de alta velocidad, de cercanías y de mercancías entre ambos continentes. Con una participación del 70%, OHL controla la joint venture formada a tal efecto con la empresa española de señalización ferroviaria Dimetronic.

Además OHL está presente desde 2011 en Australia, país estratégico en su política de internacionalización, en el que tiene delegaciones en Brisbane y Sidney.

Recientemente este mismo 2015, OHL se ha adjudicado el contrato de obras de construcción de un tramo de la Autopista del Pacífico de Australia, un proyecto de 160 millones de euros que constituye el mayor logrado hasta el momento por el grupo en este país.

Sacyr

Sacyr es una compañía multinacional de infraestructuras y servicios que cotiza en el Ibex 35. Su apuesta por la innovación y la expansión internacional le han convertido en una compañía de referencia en la construcción y gestión de infraestructuras y proyectos industriales, patrimonio en alquiler y servicios en más de 20 países.

Sacyr es un grupo diversificado, cuyos objetivos son la innovación y la expansión internacional en todas sus áreas: construcción, concesiones de infraestructuras, patrimonio, servicios y construcción industrial.

Sacyr desarrolla su actividad en más de veinte países de los cinco continentes trabajando a través de todas nuestras filiales en Irlanda, Reino Unido, Portugal, Italia, Chile, Perú, Panamá, Brasil, Colombia, Bolivia, México, Australia, India, Israel, Qatar, Mozambique, Cabo Verde, Angola, Togo, Argelia y Libia.

Análisis del balance y cuenta de resultados

Respecto del balance de situación podemos destacar que las grandes empresas constructoras, que están muy internacionalizadas y tienen un negocio global diversificado, su proporción del activo no corriente es mayor que la media del sector lo que implica que tienen altas inversiones y presentan una menor liquidez.

Además, según los casos acuden tanto a la financiación ajena como a la autofinanciación.

De la cuenta de pérdidas y ganancias se observa, que aquellas empresas que están más internacionalizadas y diversificadas presentan una mayor capacidad para generar beneficios de explotación, ya que tienen acceso a un mercado más grande.

Escapan de la competencia del mercado interno, mantienen la capacidad para seguir creciendo y no estancarse debido a su gran volumen.

Minimizan los riesgos de operar en un único mercado, compensan mejor las crisis en los mercados, mejoran la imagen de marca, ganan en rentabilidad en los mercados menos maduros donde la competitividad es menor, etc.

España sólo supone el 13% del negocio constructor de los seis grandes grupos cotizados. Las seis grandes constructoras cotizadas (ACS, Acciona, FCC, Ferrovial, OHL y Sacyr) sumaban una cartera de proyectos de construcción internacionales por un importe total de 69.888 millones de euros al cierre del primer semestre del año, lo que arroja un incremento del 5,89% respecto al cierre de 2014.

La actividad constructora de estas compañías en el exterior, que copa entre el 68% y el 93% de sus carteras totales, multiplica así casi por siete a la que desarrollan en el mercado doméstico, que apenas representa el 13% de todo este negocio tradicional.

En concreto, a la conclusión de junio, los seis grupos sumaban obras pendientes de ejecución en España por 10.475 millones de euros, cifra que además arroja un descenso del 10,7% en comparación al inicio del año.

El avance de la contratación internacional compensó así parte de este descenso doméstico, lo que permitió que las seis grandes constructoras saldaran la primera mitad del año con un avance del 3,3% en su cartera total de obras, que se situaba en 80.363 millones de euros.

El parón que la inversión en obra pública sufrió en España en los últimos años y la estrategia de internacionalización que las compañías del sector vienen desarrollando constituye los motores del crecimiento del negocio exterior.

CARTERAS INTERNACIONALES

Respecto al primer semestre y por empresas, ACS se mantiene como el grupo con mayor volumen de obras fuera de España, que a la conclusión de junio sumaba 45.362 millones de euros, el 93% de la cartera total de la empresa.

Detrás se sitúa OHL, que cuenta con proyectos en el exterior por 6.164 millones, el 82% del total; Ferrovial, con 5.906 millones (el 76,8% del total), y Sacyr, con 4.513 millones (el 84,8%).

Asimismo, la cartera obras internacionales de FCC se situó en 4.019 millones (el 70% del total) y Acciona tiene trabajos fuera de España por 3.924 millones (el 68% del total).

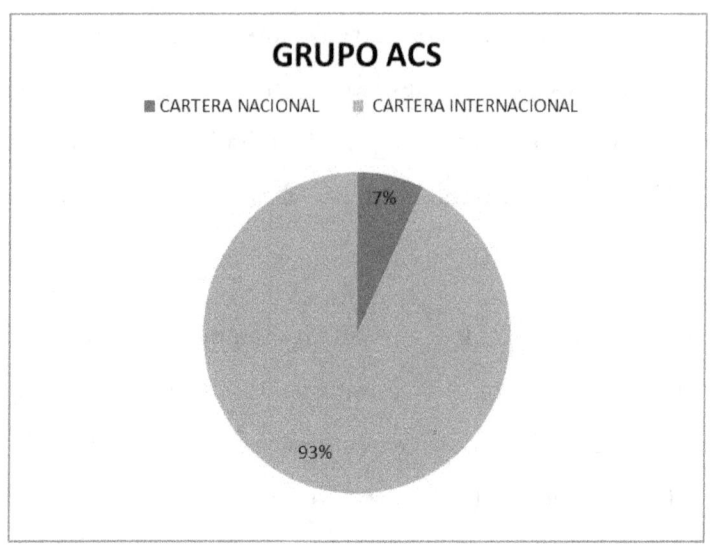

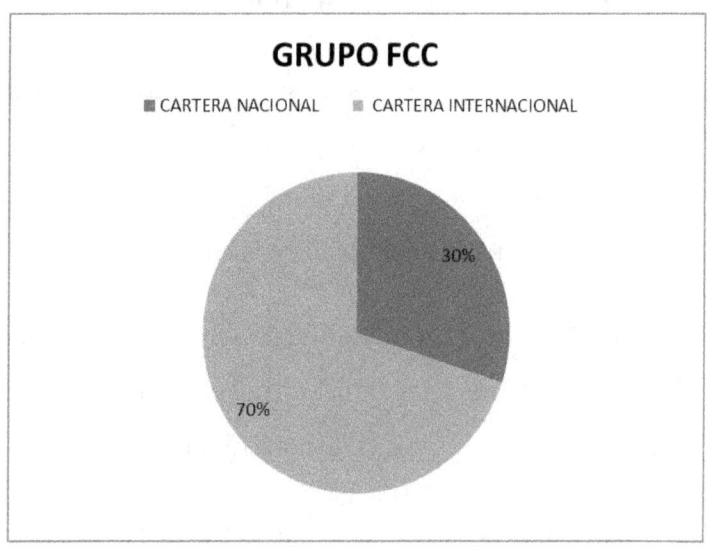

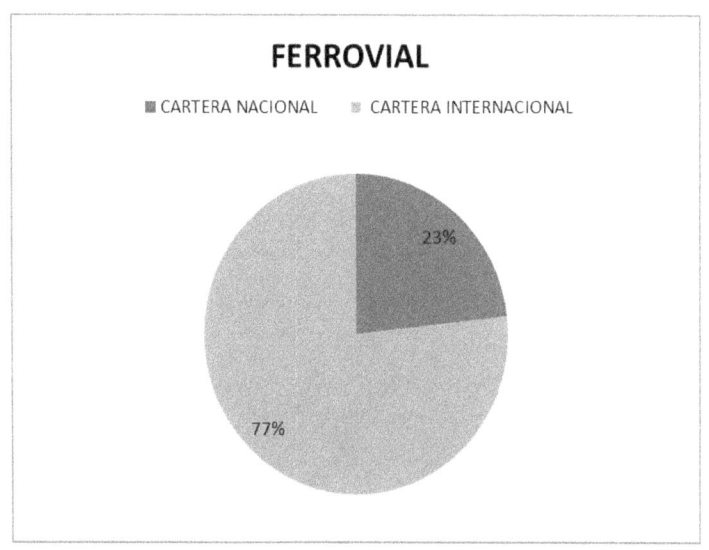

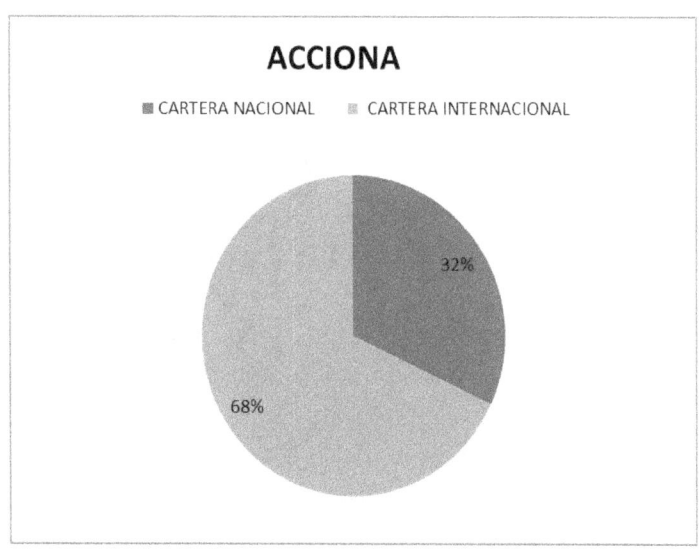

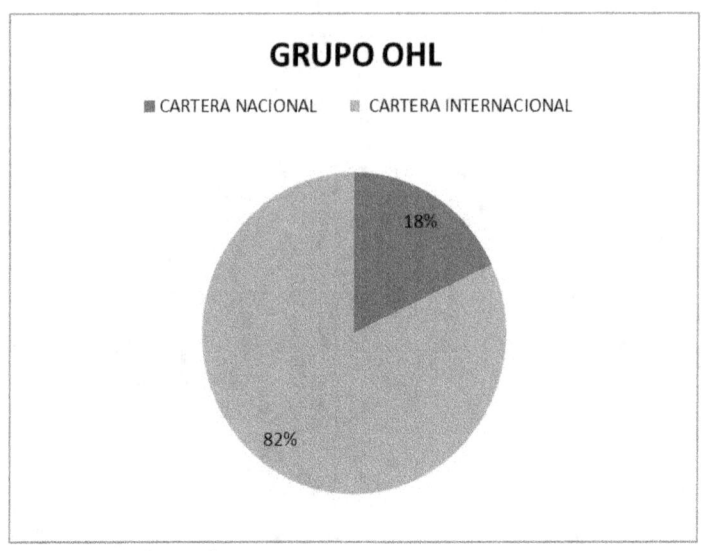

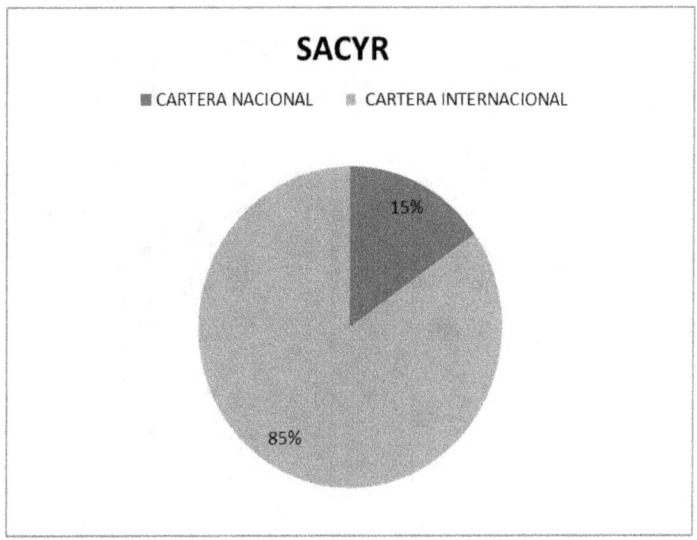

10. CONCLUSIONES

La crisis financiera ha marcado un notable punto de inflexión y de cambio en la estrategia de las compañías españolas, que hasta el momento habían centrado todos sus negocios en el mercado nacional, que les proporcionaba el trabajo suficiente como para crecer a un buen nivel y obtener grandes beneficios.

Esto junto con el hecho de que la crisis afectara en mayor medida a España, por tener un burbuja inmobiliaria propia que estalló junto con la de Estados Unidos, hizo que las empresas españolas sufrieran mucho más y tuvieran que adaptarse mucho más rápido que las europeas que ya tenían una internacionalización importante y no necesitaron de tantos ajustes estructurales cuando empezó la crisis.

Viendo la evolución de las empresas españolas observamos que se han posicionado justo en el mismo rango de actuación que las empresas europeas, solo que con unos años de diferencia.

Lo que nos da una indicación de que las empresas europeas eran empresas más maduras que las españolas en el inicio de la crisis.

El hecho de que su mercado nacional, no les proporcionara el suficiente volumen como para obtener un buen crecimiento, hizo que la empresas constructoras europeas tuvieran que trazar la misma estrategia que las empresas españolas, pero lo hicieron mucho antes del inicio de la crisis y en tiempos económicos mucho mejores.

Por lo que estas empresas europeas pudieron aplicar la estrategia de internacionalización y focalización con tiempo y sin prisas, proceso que las españolas no han podido hacer.

En el caso de que las empresas españolas hubieran tenido una internacionalización mayor, más centrada en la construcción, no hubieran tenido tantos problemas a la hora superar los problemas ocasionados por la crisis.

De ahora en adelante, las empresas españolas ya han conseguido posicionarse correctamente en el mercado y han encontrado su sitio. Por lo que manteniendo la política de internacionalización, deberían volver a la senda de los beneficios en poco tiempo, en un futuro muy próximo.

Las empresas españolas han tenido que pasar por una gran crisis mundial para poder encontrar su sitio en el mercado, el cual les permitirá volver a crecer con buenos resultados y resistir con más estabilidad futuras crisis económicas.

El éxito de la internacionalización está ligado a la competitividad de la empresa. Las empresas constructoras españolas han basado su competitividad en el precio derivado de los bajos costes de producción y mano de obra.

Pero esta ventaja se ha ido perdiendo, y ahora las empresas deben implementar sus esfuerzos hacia los denominados nuevos factores de competitividad (marketing, inteligencia económica, innovación, etc.), siendo el factor clave, del que dependen todos los demás, el capital humano.

Las grandes empresas analizadas, El Grupo ACS, el Grupo FCC, Ferrovial, Acciona, OHL y Sacyr, se caracterizan por su alta experiencia internacional.

Su modo de entrada en otros mercados ha sido prioritariamente mediante el método externo, primando las alianzas, las joint ventures y la cooperación con otras empresas.

Asimismo se comprueba que los factores que consideran motivadores de la internacionalización son la disminución del riesgo global mediante la diversificación, el ciclo de vida de la industria con un mercado actual estancado en España y la demanda potencial externa insatisfecha.

Apoyándonos en las teorías económicas, podemos decir que las que mejor explican este incremento de la internacionalización de las empresas del sector de la construcción son:

La teoría de la organización industrial; las empresas deciden invertir en el extranjero con el objetivo de reducir el número de competidores, pudiendo explotar mejor sus ventajas competitivas en mercados menos maduros.

La teoría de los costes de transacción; la existencia de potenciales oportunidades en los mercados emergentes reclama a las empresas ese mayor grado de internacionalización desde el punto de vista de reducción de los costes de transacción, es decir, búsqueda de información, control, mejora de la adaptación, etc.

Paradigma ecléctico de Dunning; las empresas han de explotar sus ventajas competitivas y las de localización, para ello, éstas poseen una serie de activos intangibles que las vuelve competitivas en los mercados destino.

Ciclo de vida del producto; quizás el más obvio de los motivos debido a la madurez del sector en España que unido a la crisis ha obligado a las empresas a reducir su volumen de negocio o salir al exterior implementando estrategias de internacionalización.

Desde el punto de vista de las teorías directivas:

La teoría del conocimiento; las empresas poseen activos intangibles que pueden transferir de manera eficiente a través de sus propios canales internos, lo que implica la búsqueda de mayores grados en la internacionalización en busca de conseguir el existo comercial.

El paradigma de Porter; las ventajas competitivas de las empresas se han capitalizar a través de la inversión directa en el exterior en los países destino elegidos, además de ayudar a la vez a incrementen su competitividad nacional.

Teoría de recursos y capacidades, las empresas poseen una ventaja competitiva que pueden explotar en el extranjero y además pueden acceder a nuevos recursos y mejorar sus capacidades de producción mediante esas nuevas localizaciones.

Por otra parte, entre los factores o barreras a la internacionalización son de gran importancia las condiciones y competencias locales, donde se demostrará que este factor es sumamente capital para ellas por una carencia en la formación de sus empleados en gestión de negocios internacionales.

Además habrá que añadir las dificultades logísticas, relacionados con la lejanía del mercado de destino, los problemas culturales, las restricciones legales y los obstáculos a la inversión directa en determinados países.

Uno de los aspectos importantes a la hora de acometer la internacionalización de las empresas constructoras, es la elección de la estrategia de entrada en los mercados de destino, donde encontramos básicamente tres:

• **Exportación**: la producción se mantiene centralizada en el país de origen. Por las características actuales de los bienes que produce el sector, esta estrategia podrá ser empleada por las empresas que ofrezcan materias primas, subproductos, productos prefabricados, etc.

• **Acuerdos contractuales**: engloba una serie de modalidades en las que no se produce inversión de manera directa por parte de la empresa que se internacionaliza, sino que dicha inversión es realizada por algún agente situado en el país de destino.

• **La Inversión Directa en el Exterior**: supone el compromiso de aportación de capital por parte de la empresa en el país de destino.

La estrategia utilizada por las grandes empresas constructoras en la que combina la estrategia global y la estrategia multipaís para beneficiarse de las ventajas que ambas propician.

La estrategia transnacional evita concentrar sus actividades en pocas localizaciones (característica de la estrategia global), pero también evita dispersarlas mucho para mejorar la adaptación a los mercados locales (estrategia multipaís), con el fin de no dispersar los recursos, capacidades y habilidades de la empresa.

El lema de la estrategia transnacional es "Piensa globalmente y actúa localmente", es decir, que cada unidad internacional en cada país tenga claro los objetivos de la entidad, pero que tenga la capacidad de decisión para cada tipo de demanda del mercado en que se encuentre.

De la comparativa entre las seis grandes empresas constructoras y el sector identificamos que estas compañías están más internacionalizadas y diversificadas y por tanto presentan una mayor capacidad para generar beneficios de explotación, ya que tienen acceso a un mercado más grande, escapan de la competencia del mercado interno, presentan la capacidad para seguir creciendo y no estancarse debido a su gran volumen, minimizan los riesgos de operar en un único mercado, compensan mejor las crisis en los mercados, mejoran su imagen de marca, ganan en rentabilidad en los mercados menos maduros donde la competitividad es menor, etc.

España sólo supone el 13% del negocio constructor de los seis grandes grupos cotizados. Las seis grandes constructoras cotizadas (ACS, Acciona, FCC, Ferrovial, OHL y Sacyr) sumaban una cartera de proyectos de construcción internacionales por un importe total de 69.888 millones de euros al cierre del primer semestre del año, lo que arroja un incremento del 5,89% respecto al cierre de 2014.

La actividad constructora de estas compañías en el exterior, que copa entre el 68% y el 93% de sus carteras totales, multiplica así casi por siete a la que desarrollan en el mercado doméstico, que apenas representa el 13% de todo este negocio tradicional.

En concreto, a la conclusión de junio de 2015, los seis grupos sumaban obras pendientes de ejecución en España por 10.475 millones de euros, cifra que además arroja un descenso del 10,7% en comparación al inicio del año.

El avance de la contratación internacional compensó así parte de este descenso doméstico, lo que permitió que las seis grandes constructoras saldaran la primera mitad del año con un avance del 3,3% en su cartera total de obras, que se situaba en 80.363 millones de euros.

El parón que la inversión en obra pública sufrió en España en los últimos años y la estrategia de internacionalización que las compañías del sector vienen desarrollando constituye los motores del crecimiento del negocio exterior.

Respecto al primer semestre de 2.015 y por empresas, ACS se mantiene como el grupo con mayor volumen de obras fuera de España, que a la conclusión de junio sumaba 45.362 millones de euros, el 93% de la cartera total de la empresa.

Detrás se sitúa OHL, que cuenta con proyectos en el exterior por 6.164 millones, el 82% del total; Ferrovial, con 5.906 millones (el 76,8% del total), y Sacyr, con 4.513 millones (el 84,8%).

Asimismo, la cartera obras internacionales de FCC se situó en 4.019 millones (el 70% del total) y Acciona tiene trabajos fuera de España por 3.924 millones (el 68% del total).

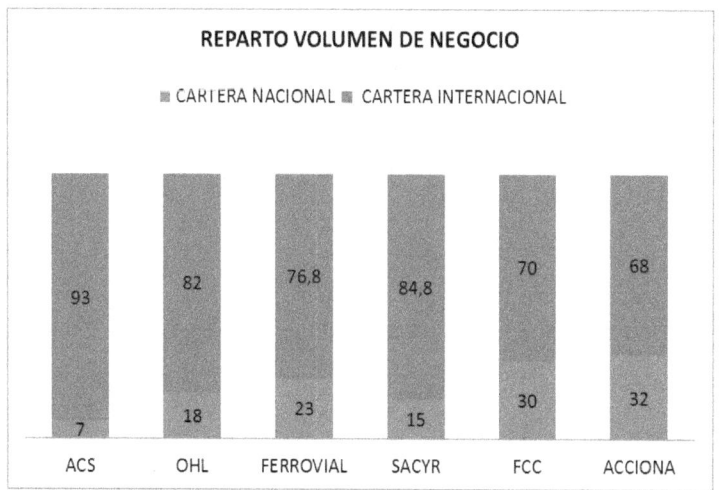

REPARTO VOLUMEN DE NEGOCIO

■ CARTERA NACIONAL ■ CARTERA INTERNACIONAL

De cara al futuro próximo del proceso de internacionalización que están viviendo nuestras empresas constructoras, podemos destacar varios conceptos importantes a resaltar:

La crisis y el estancamiento de los mercados han impulsado la internacionalización de muchas de las empresas constructoras, aunque la mayoría ya tenían presencia internacional.

El proceso de internacionalización se consolida y el negocio internacional aumentará tanto en términos de volumen como de rentabilidad.

El crecimiento internacional vendrá de la mano de la entrada en nuevos mercados que de la consecución de nuevos clientes en los ya abordados, apoyado por la participación en concursos internacionales y la adaptación de la oferta a la demanda local.

Las claves del éxito se encuentran en una buena relación calidad-precio, una adecuada política de recursos humanos, una marca de nuestras compañías fuerte y una red de alianzas estratégicas importante.

Las dificultades se centran fundamentalmente en la selección de los socios locales y en las barreras regulatorias en los países destino.

La falta de financiación puede ser un riesgo que limite el crecimiento de las empresas del sector, siendo la financiación ajena mediante entidades bancarias el método más utilizado.

La administración puede y debe apoyar este proceso de manera más eficaz a través de un mayor esfuerzo en la promoción comercial y en la oferta de financiación.

Finalmente cabe destacar que se trata de un grupo de empresas que en su mayoría reconoce la importancia de la gestión de la diversidad para el éxito de la internacionalización, pero son únicamente las empresas que llevan más tiempo operando en el exterior las que son verdaderamente conscientes de su importancia aplicando políticas específicas para su gestión.

Actualmente, España es la referencia para los países que quieren impulsar sus infraestructuras en general y sobre todo de transportes. Siete de los diez mayores operadores que construyen y explotan infraestructuras en el mundo pertenecen a compañías españolas.

Además, el hecho de que España sea el segundo país más montañoso de Europa, ha favorecido que la ingeniería española sea una marca mundial en la construcción de túneles, puentes y viaductos para sortear estas dificultades orográficas.

Las empresas constructoras y de ingeniería españolas son líderes en el mundo, planificando, proyectando y ejecutando proyectos de toda índole en la Unión Europea, Oriente Medio, África, Estados Unidos, Canadá, Latinoamérica, Asia y Australia. Aportando talento, innovación, tecnología y trabajo en equipo, para garantizar el éxito de cada proyecto de la forma más rápida, eficaz e inteligente.